GORKA E. ARGUL

# Mensaje

# Eléctrico

Copyright © 2017 Gorka E. Argul
All rights reserved.
ISBN-10: 1976486718
ISBN-13: 978-1976486715

www.gorkaeargul.es
e-mail: Gorka.e.argul@gmail.com

Para mi familia,
por su apoyo, tiempo y paciencia.

«Vivimos en una sociedad profundamente dependiente de la ciencia y la tecnología y en la que nadie sabe nada de estos temas. Ello constituye una fórmula segura para el desastre».
**Carl Sagan (1934 – 1996)**
**Astrónomo, astrofísico, cosmólogo, escritor y divulgador científico estadounidense**

«Internet, nuestra mayor herramienta de emancipación, se ha transformado en la facilitadora más peligrosa del totalitarismo jamás vista».
**Julian Assange (1944 –)**
**Ciberactivista, periodista y activista de Internet australiano, conocido por ser el fundador, editor y portavoz del sitio web WikiLeaks.**

«Las organizaciones gastan millones de dólares en firewalls y dispositivos de seguridad, pero tiran el dinero porque ninguna de estas medidas cubre el eslabón más débil de la cadena de seguridad: la gente que usa y administra los ordenadores».
**Kevin Mitnick (1963 –)**
**Uno de los hackers, crackers y phreakers estadounidense más famosos de la historia.**

«El visualizar sociedades futuras nos obliga a cuestionar nuestra propia sociedad, buscando a través de un lente de tecnologías avanzadas que no existen hoy».
**Michio Kaku (1947 –)**
**Físico teórico estadounidense especialista destacado de la «Teoría de campo de cuerda».**

# ÍNDICE

**PRIMERA PARTE - INICIACIÓN** ............................................ 11
1 Habitación secreta ............................................................. 13
2 Resplandor ........................................................................ 19
3 Central Park ..................................................................... 27
4 Sede de la Organización de las Naciones Unidas .................... 29
5 Gran Torneo Cibernético de D.A.R.P.A. ............................... 39
6 Industrias Astratech, Castillo de San Marcos ....................... 45
7 El técnico ......................................................................... 51
8 Biónico ............................................................................. 57
9 Familia ............................................................................. 63
10 Informe ........................................................................... 77
11 Patrick ........................................................................... 81
12 Redes ............................................................................. 85
13 Viejas amistades .............................................................. 91
14 Feria de Tecnología .......................................................... 95
15 Misión ............................................................................ 99
16 Terapia .......................................................................... 105
17 Alerta ............................................................................ 111
18 Compañeros ................................................................... 115
19 Inspección ..................................................................... 121
20 Déjà vu ......................................................................... 125
21 Investigación de D.A.R.P.A. ............................................ 127
22 Lazos ............................................................................ 133
23 Alex .............................................................................. 137
24 Lealtades ....................................................................... 139
25 Hermanos ...................................................................... 141
26 Triangulación ................................................................. 145
27 Homólogo ...................................................................... 155
28 Vigilante ........................................................................ 159
29 Sorpresa ........................................................................ 163
30 Oscuridad ...................................................................... 169
31 Nikola Tesla ................................................................... 171

**SEGUNDA PARTE - MEMORIAS** ............................................. 181
32 Primera generación .............................................. 183
33 Despacho Oval .................................................... 187
34 Simulador......................................................... 191
35 Origen ............................................................ 195
36 Vaticinio ......................................................... 201
37 Búsqueda ......................................................... 209
38 Futuro ............................................................ 221
39 Testamento ....................................................... 225
40 Alianza ........................................................... 229
41 Coordenadas ...................................................... 237
42 Socios ............................................................ 241
43 Realidad Digital ................................................. 245
44 Consejo de seguridad de las Naciones Unidas ................. 251

**TERCERA PARTE - REVELACIONES** ...................................... 255
45 Objetivo .......................................................... 257
46 Alcalá Data Center ............................................... 261
47 Preparación ...................................................... 265
48 Día T ............................................................. 271
49 Infiltración ...................................................... 277
50 Emergencia........................................................ 281
51 Orwelliano ....................................................... 287
52 Sincronización ................................................... 295
53 A tres bandas .................................................... 301
54 Secreto ........................................................... 307
55 Plan de emergencia ............................................... 317
56 Redada ............................................................ 321
57 Huida ............................................................. 327
58 Búnker ............................................................ 333
59 Trámites .......................................................... 337
60 Maquiavelo ....................................................... 343

Personajes ........................................................... 347

# PRIMERA PARTE

# INICIACIÓN

«Cualquier tecnología lo suficientemente avanzada,
es indistinguible de la magia».
/3° ley de Clark/
Sir Arthur C. Clarke (1917 – 2008)
Escritor e inventor británico
Autor de «2001: Una Odisea en el espacio».

No intentes cambiar un sistema,
construye uno nuevo que haga que el anterior
se vuelva obsoleto».
Richard Buckminster "Bucky" Fuller (1895 – 1983)
Ingeniero, visionario e inventor estadounidense
Inventor de la cúpula geodésica.

# 1

## Habitación secreta
## Bahía de Filadelfia, 1943

Era de noche. Un coche de cinco puertas accedía a un pequeño jardín oculto detrás de unas instalaciones. El descuidado mantenimiento ofrecía la imagen perfecta de un lugar abandonado. El coche se detuvo y tres personas salieron del vehículo.

—Agente Gates—ordenó la persona al mando—, alguien debe quedarse en la retaguardia y evitar, en la medida de lo posible, ser visto. Odio pedirle esto, pero es la única manera.

—No se preocupe, agente Jessup—respondió el agente Gates dirigiéndose a la parte de atrás—, lo entiendo, es parte del plan. Vosotros seguir las instrucciones para obtener la información.

—Tardaremos los menos posible.

Cada uno cogió un maletín. A cinco metros, sus compañeros subieron por una pequeña escalera de piedra de tres peldaños que daba a una puerta de metal, Jessup introdujo una llave que llevaba en el bolsillo del abrigo y accedieron al interior. El agente **Gates** abrió el maletero y se escondió en su interior, dejando una pequeña abertura para poder respirar. Como indicaban las órdenes, no debía quedar nadie en el exterior, aunque era poco probable que alguien conociera esa localización.

Los agentes descendieron por una escalera de caracol hasta llegar a una segunda planta clausurada por una segunda puerta metal, esta vez de manivela. Los brazos robustos de su compañero, el agente Jones, la giraron sin dificultad.

—Hemos llegado a la habitación número siete—respondió Jessup.

En el interior observaron una habitación estándar para realizar reuniones con la puerta cerrada: una mesa, un pequeño armario y un cuadro en la pared—. Agente Jones, preparemos la mesa de dialogo. No podemos desperdiciar tiempo.

Mientras el agente Jones colocaba los maletines sobre la mesa, su compañero, Jessup, se acercó al armario y sacó una jarra de cristal con un juego de vasos. Abrió una delgada puerta de la parte inferior del armario y sacó una botella grande de agua mineral. Colocó todo en la mesa, introdujo la mano en el bolsillo interior de su americana y sacó un estuche. Dispuso cuatro vasos en sus correspondientes posiciones, abrió el estuche y sacó un tubo de color verde.

—¿Será suficiente?—pregunto el agente Jones.

Morris Jessup observó el bote de cristal y lo golpeó suavemente con el dedo.

—Créame, esto tumbaría a un elefante—Sacó otros dos pequeños recipientes del estuche de diferente color—Éste será nuestro suero—respondió señalando una pareja— Tómeselo, su efecto durará una hora.

El agente Jones observó cómo su jefe echaba una gota de veneno en los cuatro vasos de la mesa. Contempló su dosis, no le hacía ninguna gracia, pero no tenían más opción. No podían arriesgarse a que el enemigo desconfiara. Con suavidad quitó el tapón y se lo bebió. Su compañero le acompañó con un brindis. Un ruido proveniente de las escaleras les llamó la atención.

Era la hora.

—Buenos días, queridos colegas—saludaron los invitados.

—Formalismos de llevar traje—respondió Jessup observando la vestimenta—. Creo que tenemos que zanjar un reunión. ¿Tienen algo que nos pueda interesar?

Los invitados observaron la jarra y los vasos. Con una mirada de intimidación se acercó a la silla más cercana, dejó su maletín y se sentó.

—¿Les importa si rotamos los vasos? Total, solo es agua—Jessup, educadamente, procedió con el plan. El invitado cambió la pareja de vasos y sirvió agua a su compañero—. Procedamos, tenemos que hablar sobre ciertas patentes—Cada invitado colocó su maletín en su lado de la mesa y sacó un expediente—. Sinceramente, siempre creí que todo esto era una broma del gobierno: «obtener diseños experimentales de un científico excéntrico que podrían revolucionar el mundo», pero cuando nos informaron de lo que iba a suceder esta noche, cambié de opinión.

Abrió el expediente y varias hojas[1] llenas de informes y dibujos acapararon todas las miradas.

—Un misterioso rayo de la muerte—Comenzó a enumerar su compañero—, una máquina de terremotos, los diseños de un submarino eléctrico… Ideas de una mente perdida en la locura. ¿De verdad ustedes creen que todo esto se puede construir?

—Siempre puede salir por donde ha entrado—respondió Jessup señalando la puerta de la habitación—, y preguntárselo a su creador.

El invitado empezó a sudar y la mano de su compañero comenzó a temblar. A los pocos segundos, los dos hombres notaron ligeras dificultades para respirar y miraron directamente a sus anfitriones.

—¡Veneno!—gritó el invitado y trató de levantarse.

—¡Usted cambió el vaso!—Se defendió el agente Jessup—.No yo. Culpe a su ignorancia.

Ipso facto, el primer invitado cayó muerto en la mesa; el segundo, antes de poder hacer nada, cayó al suelo presa del mismo efecto.

—De modo que a estos tipos les vendió el señor Nikola Tesla estas patentes para poder subsistir—argumentó su compañero, el agente Jones—. Todo acaba saliendo a luz tarde o temprano.

—En esta vida, haces lo que tengas que hacer para subsistir, querido

---

[1] Nikola Tesla, a principios del S.XX, tuvo que vender patentes para poder continuar financiando sus investigaciones.

compañero—En la mesa, los dos maletines quedaron abiertos. Jones comprobó el estado de sus invitados y confirmó las muertes—. Misión cumplida. Recojamos y limpiemos todo esto.

—Ahora mismo agente, deme unos segundos.

Jones se puso unos guantes de látex e inició la limpieza del escenario pero sus ojos comenzaron a ver distorsionar su campo de visión. Sus piernas le flaquearon, por acto reflejo, se apoyó en la mesa, y cuando pudo incorporarse, miró a su compañero: quieto, impasible, mirándole fijamente. No entendió nada.

—¿Por qué?—preguntó con los ojos inyectados en sangre.

Morris Jessup se arremangó los pantalones y descubrió una funda de cuero. Cogió los documentos de la mesa, los enrolló y los guardó en su interior.

—No lo entendería—respondió con mucha tranquilidad—. No somos la única organización que conoce la existencia de este experimento. Hay gente muy influyente interesada en desarrollar esta tecnología y llevarla a la práctica—Se apoyó en la silla—. Pero no será aquí, ni ahora. No me malinterpreté, yo sólo soy el mensajero y me han ordenado que no deje pruebas.

—¡Eres agente doble!—Jones escupió sangre por la boca mientras se agarraba el pecho—¿Gente influyente?—Tosió—. ¡Esto es alto secreto! Sólo lo sabe nuestro jefe.

—Le recuerdo que en estas instalaciones hay científicos de varias nacionalidades. El perímetro de juego es muy extenso—Jessup comprobó su reloj—. Si mis cálculos son correctos, le queda menos de un minuto.

Jones miró hacia la puerta de metal.

—¿Gates?—preguntó agarrándose a la silla—¿También vas a matarle? Tiene esposa e hijos.

—Cuidarán bien de ellos, no te preocupes—respondió—. Todo el mundo tiene un papel en este juego.

Jones escupió una bocanada de sangre más extensa. Sus manos le fallaron y cayó al suelo. Jessup se puso su juego de guantes y, sin mancharse, procedió a comprobarle el pulso. Todo había salido según el plan. Siguió órdenes y continuó la limpieza.

Colocó a los invitados en sus sillas con los brazos en la mesa y las cabezas apoyadas. Levantó a su compañero y le sentó en la silla de la misma manera. Sacó un pequeño frasco del fondo falso de su maletín, sacó un pañuelo de su bolsillo y limpió las manchas de sangre del suelo. Se alejó varios pasos de la escena y se aseguró de que todo estaba en orden.

Pero una sorpresa inesperada cambio sus planes.

La habitación sufrió una fuerte sacudida y Morris Jessup cayó al suelo. La luz de emergencia comenzó a parpadear hasta permanecer encendida.

—¡Mierda!—gritó con rabia—Ha sucedido.

Se dirigió a la puerta secreta pero había quedado clausurada tras el incidente. Corrió hacia la puerta de la habitación pero estaba cerrada desde fuera. Los parámetros de la misión habían cambiado, no disponía de ninguna orden para esa situación y se llevó las manos a la cabeza. Caminó por la habitación y, entonces, reparó en el cuadro. Lo estudió detenidamente y descubrió que estaba instalado a una delgada bisagra en la pared. Sin tiempo que perder lo movilizó lateralmente y descubrió que detrás había una caja fuerte. Sin previo aviso escuchó la cerradura de la puerta, alguien intentaba entrar. Rápidamente se sentó y se colocó en la misma posición que sus compañeros fallecidos.

Una persona de uniforme accedió a la habitación.

Jessup, disimuladamente, observó cómo el desconocido examinaba los dos cuerpos frente a él.

—Muerte por envenenamiento—dijo el teniente Bart Sheppard analizando la situación.

Morris Jessup mantuvo la respiración y esperó su turno. Había cometido un error muy grave.

—Detrás del cuadro—murmuró Bart—. La burbuja magnética ha debido de ser la responsable—Introdujo la mano, extrajo un mando a distancia del interior y apretó un botón.

La puerta de metal se abrió. El desconocido cogió los maletines y se fue de allí.

Morris Jessup esperó unos segundos por seguridad, se enderezó y tomó aire. En la mesa había un mando a distancia, miró a la caja fuerte que escondía el cuadro y lo entendió. «Menudo sistema de seguridad». Inspeccionó la mesa y descubrió que los maletines habían desaparecido.

—Menos mal que me guardé los verdaderamente importante—murmuró riéndose alegremente—. Mi jefe estará contento.

Conocía el camino de salida.

Subió las escaleras y salió al exterior, un coche había desparecido, sólo le quedaba un último punto que terminar. Como había expresado antes, sólo era trabajo. Sacó su revólver, comprobó el tambor y se acercó al maletero.

—No es nada personal, agente Gates. Sólo son negocios.

Disparó varias veces a través del metal en diferentes posiciones hasta que se quedó sin balas. Se fijó que el maletero estaba ligeramente abierto y lo cerró de un golpe. No se escuchó ningún movimiento. Entró en el vehículo y encendió el motor. No sucedió nada. Dio marcha atrás y salió del recinto para regresar por el camino asfaltado por el que habían llegado hasta la autopista.

Debía informar a su superior.

# 2

## Resplandor
### Bahía de Filadelfia, 1943

Era de noche.

Las órdenes habían sido dadas. Un avión de combate se acercaba al punto señalado de la bahía. El piloto ajustó los parámetros y localizó su objetivo.

—De modo que un buque—murmuró el piloto—, la misión es derribar ese navío.

Al segundo, el tiempo que tardó en pestañear, una imagen luminosa cegó el cristal de su cabina. Una burbuja de luz emergió alrededor del navío y un espectáculo de luces empezó a formarse en el aire

—¿Qué diablos es eso?—Se preguntó el piloto, nervioso, con los ojos como platos.

Una tormenta surgió en la noche. Varias nubes de carácter no amistoso se cargaron de energía y comenzaron a lanzar látigos eléctricos. El piloto sufrió varios calambres y, en un momento inesperado, notó que se desvanecía, experimentó como sus manos se alteraban y la cabeza le ardía por dentro. Sumió que aquello debía tener alguna relación con la tormenta, pero, por momentos, visualizó imágenes extrañas, recuerdos que no eran suyos.

—¿Qué me está pasando?—gritó impotente sin saber qué hacer. Una imagen azul fue lo último que sus ojos lograron contemplar—¿Qué es…?

Uno de los rayos incidió directamente contra la cabina de la aeronave. El interior se iluminó por completo, la mente y la consciencia del piloto desaparecieron, su mirada perdida no tardó en reaccionar y su cuerpo volvió a la vida.

—¡Soldado, esté alerta!—ordenó alguien por radio.

La luz desapareció y cabina regresó a su estado normal. Los ojos del piloto pestañearon. El cuerpo anfitrión trató de adaptarse lo más rápido que pudo a su nuevo huésped.

—¿Dónde estoy?—dijo el nuevo huésped—¿Qué hago aquí?

—¿Cómo que quién eres? ¡No me digas que se te ha ido el santo al cielo!—La situación no estaba para tomársela a broma—. Porque no es momento ni lugar. ¿Tienes fijado el objetivo? Necesitamos confirmación.

¿Objetivo? ¿Confirmación? El huésped comprobó dónde se encontraba. Miró por el cristal de la cabina y visualizó un espectáculo en el mar. Un elemento le llamó la atención. Una burbuja envolvía un navío y, en el cenit de una torre, había una persona.

—Repito ¿Tienes confirmación del buque USS-Elridge?

El huésped reconoció a esa persona, pero sin previo aviso, el buque desapareció del terreno.

—Nikola—dio en voz baja—¿Dónde has ido?—Buscó entre los paneles de la cabina—¿Qué año es?—Entonces recordó una cosa—. ¡Mi pulsera!—En su muñeca había un artefacto que proyectaba una pequeña pantalla.

—¡Soldado!—gritó el superior al mando.

—Lo siento—intentó ganar tiempo e improvisó—, el buque ha desaparecido—Hizo memoria—. Repito, el buque USS-Elridge ha desaparecido, señor. Espero nuevas instrucciones.

Pasaron varios segundos que el piloto usó para recuperarse.

—¡Repita eso soldado!—gritó— Hay interferencias.

—No me extraña—murmuró y carraspeó—. En el momento de disparar ha aparecido un resplandor de luz y el buque ha desaparecido señor. No sé qué prueba o experimento estarían realizando allí abajo, pero aquí me he quedado ciego (Técnicamente era cierto). Espero instrucciones, señor.

La radio estuvo en silencio.

El piloto aprovechó para hacer funcionar su pulsera.

—Reproducir último archivo...

Unas imágenes distorsionadas se proyectaron en la cabina.

«En la imagen, Nikola Tesla estaba dentro de un contenedor de cristal. Él llevaba un uniforme y estaba enfrente de un panel de mandos. El contenedor se envolvía en una bola de luz. Él miraba a un lado, preocupado y, después, se introducía en otro contenedor y, por alguna razón, la imagen se desvaneció».

—Entiendo—murmuró—. Yo he retrocedido más tiempo y lo que acabo de ver ahí abajo es su pasado cronológico. De modo que así llegó allí. Pero entonces...

—¡Regrese al portaaviones, soldado! —ordenó la persona la mando de la misión— Me han confirmado su informe. Cierro.

La radio entró en estado de silencio.

Ж Ж ЖЖ Ж Ж

Un caza estadounidense de doble fuselaje[2] aterrizó en la pista de aterrizaje. El piloto abrió la compuerta de la cabina y descubrió que los controladores aéreos no habían llegado a sus posiciones. Ágil, y sin perder tiempo, saltó a la superficie y escapó evitando ser descubierto. Se estaba adaptando a su nuevo cuerpo y eso conllevó llevarse varias sorpresas por el camino, como falta de equilibrio, desorientación o tropezar, mientras buscaba una puerta por donde entrar en el interior de la base.

A salvo, desde un punto ciego, observó a dos soldados salir por una

---

[2] Lockheed P-38 Lightning, caza estadounidense de la Segunda Guerra Mundial.

puerta de acceso. La zona no estaba vigilaba y se dio prisa para evitar que se cerrase. Aprovechó que los pasillos estaban vacíos, probó a encender su pulsera, y de la misma manera que en el avión, producía imágenes fragmentadas en baja definición. Comprobó su propio expediente, experimentaba una ligera pérdida de memoria, tenía pequeños flashbacks acerca de si mismo, el viaje no se había preparado adecuadamente y estaba pagando las consecuencias.

Sin ganas de rendirse, necesitaba conocer la situación actual. Un cartel con la indicación de los aseos le dio esperanzas.

—Las casualidades no existen—dijo en tono audible tocándose la cara frente al espejo del aseo—. Esta debe ser una de esas excepciones

Escuchó pasos al otro lado de la puerta, desconocía su nombre y el de las personas de esa base. Lo último que necesitaba era sufrir un interrogatorio. Decidió esconderse en la cabina más alejada y cerrar la puerta.

—¿Has oído eso de la burbuja?—exclamó el soldado sin parar de reírse—¡Y encima el secretario de defensa estaba en la misma sala! Mira, te digo una cosa—Se dirigió a su compañero—, más le vale a Smith desparecer un tiempo, porque si no, le destinarán al otro lado del mundo.

Smith levantó los pies y se apoyó contra la pared del baño. Necesitaba más información.

—¡Oye!—dijo su compañero titubeando— ¿Y si fuera cierto que vio eso?—Su compañero se apoyó en el lavabo—. Es decir, sólo él estuvo allí.

—¿Tú crees que un buque de guerra desaparece por arte magia simplemente por poner unos aparatos eléctricos?—respondió el soldado mientras continuaba disfrutando—. Me gustaría saber qué se tomó ese tío antes de subir al avión, por lo menos, gracias a Dios, parece que está entero. El secretario de defensa no se enfadará mucho.

Por los altavoces, una voz daba una alerta.

«Reúnanse en el patio central. Repito. Reúnanse en al patio central».

—¡Vamos! Quiero estar en primera fila—dijo el soldado.

El aseo quedó en silencio.

El soldado Smith necesitaba respuestas y allí quieto no las iba a encontrar. Abrió la puerta con cuidado y analizó el exterior. Atinó el oído y escuchó una sucesión de pasos a lo lejos.

Activó de nuevo su pulsera y se tranquilizó al ver que el sistema aguantaba. Accedió a un menú de control y seleccionó escanear la zona: «un rayo de color azul salió del artefacto y proyectó un mapa en el aire. Pequeños puntos rojos diferenciados se movían hacia un lugar común».

Caminó por los pasillos comprobando cada puerta, necesitaba huir de allí. Una mancha roja apreció sin previo aviso, intentó esconderse pero todas las puertas estaban cerradas.

Estaba atrapado.

Trato un movimiento desesperado. Sabía que la pulsera estaba en su límite. Regresó al menú de control y buscó más opciones, tenía la sensación de que encontraría algo. La mancha roja estaba a punto de entrar por el pasillo. Sin tiempo para actuar, una opción le llamó la atención.

El punto rojo caminó por el pasillo y se detuvo. Miró a su alrededor y se quedó quieto. Su instinto le indicaba que algo no encajaba, prosiguió caminando unos pasos más. Escuchó un sonido muy débil, su oído no solía fallarle. Estiró el brazo y no tocó nada.

—Estaré perdiendo facultades…—murmuró el secretario.

Escuchó el sonido por segunda vez. Esta vez no falló, su mano agarró algo, el soldado se materializó y sus pupilas se dilataron.

—¡Puedo explicarme!—Se excusó el soldado Smith intentando salvarse.

Los ojos del soldado mostraban dos pequeñas manchas negras y en su muñeca portaba lo más parecido a un reloj que proyectaba imágenes en el aire. No podía ser una casualidad.

—Tienes dos opciones viables—aclaró el secretario—. Si me mientes, créeme que desaparecerás de la faz de la Tierra—respondió y dejó de agarrarle del hombro—. Y si me dices la verdad, no deberás preocuparte por nada nunca más.

La pulsera continuaba proyectando el mapa y varios puntos rojos estaban a punto de cruzarse con ellos. El soldado Smith no podía permitir que le viera alguien más y ese hombre tenía varias medallas en el pecho. Debía arriesgarse.

—Confíe en mí, por favor.

Activó el camuflaje. Nadie les detectó, los puntos rojos pasaron de largo. Cuando el camino estuvo despejado el camuflaje desapareció. El secretario de defensa James Forrestal, absorto, se pasó la mano por su canoso pelo y le volvió a poner una mano en el hombro, esta vez amistosa.

—No te preocupes, hijo—Le dibujó una cálida sonrisa—. Supongo que hay una gran historia detrás de ese chisme y de allá de donde vegas. Pero dime, ¿tienes nombre?

—Sí, señor—Se tranquilizó y desconectó la pulsera. Estaba al límite—Me llamo Daniel y no deseo llamar la atención más de lo debido.

Un ruido interrumpió el momento. El walkie-talkie del secretario emitió una voz varonil, pero era ininteligible. Cogió su walkie-talkie y respondió.

—Por favor, repita alto y despacio. ¿Quién habla?

—Soy el agente Morris Jessup, señor. ¡Misión cumplida!—Las interferencias provocadas por el grosor de las paredes no facilitaba la transmisión—. Tengo el paquete en mi poder y me he desecho de los daños colaterales.

Daniel trató de hacer oídos sordos a esa conversación pero se encontraba a menos de un metro de distancia de la escena.

—Espéreme en la parte de atrás, Jessup. Tengo una sorpresa para usted.

Daniel advirtió la mirada analítica del secretario. Le había prometido ayudarle por mucho tiempo. El hombre le hizo una señal y caminaron por el pasillo. Atravesaron una puerta de metal y entraron en el hangar de la base. A lo lejos, un coche accedía al interior a poca velocidad por la puerta principal con las luces apagadas. El conductor aparcó en zona reservada y cubrió el coche con una lona.

—Verás, Daniel, yo siempre cumplo mi palabra—dijo el secretario. El otro hombre atravesó el patio del hangar cubierto con una gabardina—. Ya que parece que el futuro ha cruzado nuestros caminos, quería que lo supieras. Y por favor, llámeme Forrestal—Jessup atravesó un tanque y llegó hasta ellos. Daniel le examinó—. Caballeros, hoy iniciaremos una alianza. Nos convertiremos en familia. Agente Jessup, ¿tiene los planos?

El hombre se arremangó el pantalón y mostró una funda alargada. De su interior extrajo un manojo de papeles.

—Aquí están, señor. Los inventos más locos de ese hombre.

Forrestal le pasó los documentos a Daniel.

—Mi intuición me dice que usted sabrá descifrar este contenido. Y créame cuando le digo, que no me suele fallar.

Jessup no entendió nada. Daniel observó los documentos. Poseían esquemas y anotaciones. Uno de los dibujo le resultó familiar. Daniel dibujó una sonrisa y continuó analizando el dossier. Jessup buscaba respuestas en el secretario, estaba cansado y esconder las pruebas no había sido agradable.

—Señor Jessup, acaba de conocer a su nuevo especialista técnico para el proyecto. Algo me dice que se llevaran muy bien—Ambos se miraron—. Daniel le presentó a Morris Jessup, un investigador que ha trabajo de infiltrado para mí los últimos años sobre cierto evento ocurrido esta noche en un barco.

Jessup se había perdido. Daniel entendió la analogía. Jessup miró a Daniel y notó algo extraño en su cuello.

—No entiendo, perdone—Se rascó la cabeza—¿Exactamente en qué puede ayudarme?

—Mi nuevo amigo, Daniel, es el piloto que ha estado a punto de disparar contra el buque USS Elridge, hasta que, inexplicablemente, el buque desapareció del radar—Miró a Jessup—. Parece que usted tenía razón con su investigación.

Jessup miró a Daniel y Forrestal descubrió un dibujo extraño en su cuello.

—¡Lo sabía! ¡Lo hizo!—apretó los puños—. Nikola Tesla lo consiguió. Nadie me creía. Lo que estaban fabricando allí abajo tenía otro propósito—Volvió a fijarse otra en el cuello de Daniel—. Y supongo que usted sabe algo.

Daniel notó ambas miradas e intentó restarle importancia. Quería salir de allí y pensar una manera de volver. Entonces, se dio cuenta de un dato importante.

—Lo que les voy a preguntar es poco ortodoxo, pero ahí va—Ambos le clavaron la mirada— ¿En qué año estamos?

—1943, hijo—respondió el secretario de defensa Forrestal—. Y algo me dice que no es tu año—Daniel asintió mordiéndose el labio—. Los tres tenemos mucho de qué hablar, pero este no es el sitio adecuado ni el más seguro. Síganme., caballeros.

# 3

## 17 de Enero de 2016
## Central Park, New York

El despertador no cobró vida esa mañana.

La ventana estaba levantada y una sensación de frío entró por las sábanas. Su mano buscó a su compañera pero la cama estaba vacía. Abrió los ojos y, encima de la almohada, encontró un trozo de papel con unas frases.

«Me ha llegado un chivatazo de una reunión extraordinaria en la O.N.U. Debo ir y lo sabes. Dick me ha avisado de que tienes que ir a un entrenamiento en D.A.R.P.A. No ha especificado. Mucha mierda. Un beso».

Al levantarse, en la primera balda, observó una pequeña figura de resina de un felino. Había pasado un año desde el incidente, llevaba tiempo con la sensación de que llegaría ese día, sin avisar. Frank había tenido una vida muy larga y productiva.

Su jefe, George Brock, le había obligado a cogerse un año sabático tras la filtración de varias imágenes del día más loco de la década. Incluso se vio obligado a cambiar de número de teléfono porque no podía controlar la entrada masiva de llamadas. Fue necesario que la situación se enfriase mucho. Alexandra tomó la iniciativa de empezar a vivir juntos y esa decisión le ayudó a centrarse.

Patrick llevaba varios meses participando de observador en los entrenamientos de D.A.R.P.A. y el señor Brock le había mandado a su nuevo correo electrónico varias imágenes de su experiencia en el ejército.

«Se de primera mano el tipo de maquinaria que desarrollan en la Agencia de Proyectos Avanzados. Reflexiona sobre la idea de dar un giro a tu vida, no hablo de una experiencia de tres días, eso ya lo has hecho. Me refiero a avanzar en tu carrera., ya sabes cómo funciona este mundillo, por fuera parece una cosa, pero por dentro es un mundo completamente distinto. Te sorprendería hasta dónde son capaces de llegar ahí dentro. Puedes llamarme cuando lo necesites».

Patrick recordó el recorrido por el almacén de la agencia de aquel día en cuestión. Se había hecho una ligera idea de lo que eran capaces allí dentro. Cogió el mando de la televisión y puso las noticias. Como le había indicado Alex en la nota, había movimiento en los alrededores de la casa de la O.N.U.

«Equipos de periodistas trataban de obtener permiso para entrar en las instalaciones, mientras una cadena de coches oficiales accedían a los terrenos. Una de las cámaras logró enfocar al otro lado de la verja y la imagen de un hombre con gabardina caminando hacía la entrada principal le resultó vagamente familiar».

Esa cara. Según los expedientes, era Roderick Schiff. No había vuelto a tener noticias de Industrias Astratech desde hacía casi un semestre. Tenía entendido que la situación de su investigación se había formalizado bastante bien. Después de lo sucedido, Max Sheppard estuvo bajo interrogatorio durante varios días; pero cuando sus tres excompañeros fueron localizados, recibieron una notificación para someterse a una larga cadena de cuestiones para aclararlo todo.
Pero allí estaba, a plena luz del día, sin nada que ocultar.

# 4

**17 de Enero de 2016
Sede de la Organización de las Naciones Unidas,
New York.
40⁰ 44'55.9" N / 73⁰ 58'4.9" O**

Varias horas más tarde.

Una llamada entrante apareció en el dispositivo. Rod analizó el origen. No era la primera vez que alguien externo intentaba hacerse pasar por un oficial de seguridad o un agente federal para concretar una reunión en las oficinas de Industrias Astratech, algo que nunca permitiría sin una previa investigación de dicha persona. El análisis negaba sus sospechas. El origen era correcto. Provenía del mismísimo despacho central de la O.N.U.

—¿Dr. Schiff?—preguntó una voz femenina— ¿Hablo con el doctor Roderick Schiff?

—Sí—respondió con seguridad—. Soy yo. ¿En qué le pudo ayudar?

—Le respondo por la conferencia sobre seguridad informática que dio hace varios meses. Me resultó interesante su punto de vista sobre un supersistema de red centralizado. Me gustaría invitarle a un simposio que ofreceremos esta semana donde varias empresas podrán ofrecer una presentación de sus servicios sobre seguridad en arquitectura de redes informáticas.

«Aquí hay gato encerrado».

—¿Y la presentación se realizaría dentro del propio edificio?—preguntó Rod.

—Sí, doctor Schiff, en una de las salas ambientadas para conferencias...

«No tenía nada que perder. La ley no tenía nada en contra suya y D.A.R.P.A. tenía una contrato de no interferencia para con ellos».

—La información se la mandaremos a la dirección de email que tenemos en nuestra base de datos. Debería llegarle ahora.

Un mensaje entrante especificaba el día, la hora y el código de la habitación.

—Sí, acabo de leerlo—respondió.

—Muchas gracias por responder la llamada y le esperaremos con mucho gusto.

Tras romper su concentración, decidió terminar la hora de entrenamiento. Había desarrollado varios ejercicios interactivos y, gracias a su proyector tridimensional, la habitación se había transformado en una superred de servidores con diferentes sistemas de seguridad y el objetivo principal era inhabilitar todas en un tiempo limitado. La llamada había hecho imposible ese proceso. Otro día lo intentaría.

«Dos días después».

Rod se cerró la braqueta y se lavó la cara en el lavabo. No acostumbraba a responder ante nadie. Sabía que ese día la apariencia lo sería todo, debía mantener las formas. Salió al pasillo y se acercó a una de las ventanas. A lo lejos podía contemplar la Isla Roosevelt. Nunca pensó que estaría en ese sitio simplemente para dar una charla sobre un tema que sólo algunas mentes de la universidad de Stanford o algún instituto tecnológico entenderían. Pero en el fondo, le daba igual, la invitación le daba total protección para su persona. Nadie podía ponerle la mano encima durante el tiempo que estuviera allí. «Dos años y medio después me enfrentaría a mis propios demonios». Aún quedaba un rato para que diera inicio la charla.

Caminó por los pasillos con el pase de identificación bien visible. Casi nadie le conocía allí, pero observó alguna mirada indiscreta. El video de YouTube se había filtrado por todos lados y, su cara y su brazo, aunque aparecieran a baja definición, se habían hecho famosos.

Las puertas de la charla estaban abiertas. Era casi la hora. Echó un ligero vistazo y comprobó que había pocas personas.

—¿Señor Schiff?—preguntó una voz varonil— ¿El doctor Roderick Schiff?—Su voz le llamó la atención.

Descubrió a un tipo enorme de melena plateada de cara alegre.

—¿Y usted es?—preguntó intimidado. No acostumbraba que personas tan grandes se le acercasen, exceptuando su compañero y socio Alexei Baskov.

—Perdone mis modales, mi nombre es Yuri Gutseriev. Tenemos un contacto en común, conocí a Alexei Baskov en un proyecto privado de implantes prostéticos hace unos años. Un hombre muy adelantado a su época y reservado sobre sus habilidades—El hombre analizó su brazo. Otro admirador más y con referencias. Rod se arremangó—. Alexei tenía razón. ¡Es impresionante! Por cierto, ¿viene a la conferencia sobre seguridad cibernética?

En ese momento varias personalidades rodeadas de guardaespaldas se acercaban por el pasillo. Rod se pegó a su nuevo amigo, él le miró confuso pero advirtió que jugaba con el panel holográfico de su brazo. El empresario ruso analizó la imagen y le dio una palmadita en la espalda. Si hace años esa persona fue capaz de llevar el sistema de seguridad de Industrias Astratech, era perfectamente capaz de llevar ese tipo de presentaciones.

—Los tiempos han cambiado—insinuó Rod mirando al frente—. Creo que cierta persona muy atractiva quiere que salga de la madriguera.

Yuri observó su mirada. La conocía.

Las personalidades entraron en la sala: americanos, franceses e ingleses. Algunas le miraron de reojo, la fama no siempre era bien recibida.

—Mire Rod, ¿puedo tutearle? Si le parece, voy a usar mi carta en usted—Rod dibujó una sonrisa—. Si la mitad de las cosas que me ha contado Alexei sobre usted son ciertas, creo que valdrá la pena esta presentación.

Una mujer asiática llegó a la puerta y se acercó a Rod. Yuri le dio un codazo.

—¿Doctor Schiff? —preguntó la mujer.

—Así me llaman. ¿Con quién tengo el placer?

—Vengo en representación de China—Rod arqueó una ceja—. Le mando saludos del señor Jayden Yamata, alto contribuyente del sector asiático.

Esa respuesta añadió interés a la conversación. Rod desconocía la existencia de esa mujer. Sólo Elizabeth trataba a ese nivel empresarial.

—Muchas gracias, mándele mis saludos. Supongo que también viene a la presentación.

—Sí, en efecto—respondió ella—. Él me ha hablado de cierto sistema holográfico muy realista que su empresa ha desarrollado. ¿Podremos verlo hoy?

Rod asintió y Yuri saludo educadamente. La mujer al cargo de la conferencia llegaba a la puerta.

—Señor Schiff—saludó Ellen Dugan—, espero que haya tenido tiempo de preparar la presentación de su sistema.

La mirada de Rod respondía esa respuesta y muchas más.

—Yo creo que el señor Schiff nos dejará con la boca abierta—respondió Yuri guiñándole un ojo—. Te veo dentro. Señora secretaría—Se despidió saludándola formalmente.

—Claro, dentro se lo muestro—Rod agradeció la intromisión

Asia ya conocía su tecnología. China, por parte de Yamata, y Rusia, por estar en el lugar indicado. Los invitados ya estaban dentro y una empresa había comenzado su propia presentación. Habría que averiguar si Occidente se comportaría de la misma manera.

Varios aplausos terminaron la presentación del representante de la empresa inglesa. Rod estuvo a punto de dormirse hasta que su nombre sonó por los altavoces. Cada país se había posicionado a lo largo de la gran habitación. Estados Unidos, Inglaterra, Francia, China y Rusia.

Yuri, desde su asiento, levantó ligeramente el puño en señal de apoyo. Gracias a un micrófono que llevaba en la oreja escuchó varios comentarios fuera de lugar que le obligaron a ponerse alerta. En cualquier momento podrían intentar distraerle.

—¿Por qué está aquí el traidor americano?—Una voz de acento francés lanzo el primer comentario.

—¿Disculpe?—respondió Rod levantando la voz.

—¡Exijo orden y respeto!—ordenó la secretaria—. No hemos venido aquí a acusar a nadie.

La secretaria de estado dirigía la ponencia y exigió silencio. El francés se disculpó y se colocó en su asiento

—A mí me gustaría saber por qué me ha llamado eso—insistió Rod llegando a la tarima.

—Señor Schiff, continúe con su presentación.

—Insisto—respondió Rod. La secretaria le lanzó una mirada de advertencia—. Nadie—Levantó un poco la voz—, nadie me llama traidor en mi propia casa—Yuri prestó atención—. Creo que quedó bien claro hace más de un año, tras la exhaustiva investigación que hubo, a la que yo y mis compañeros nos sometimos, que no tuvimos nada que ver en ese complot contra ese periodista y sus amigos. D.A.R.P.A. dio una visión positiva a Astratech al demostrarse con los videos de seguridad y las grabaciones de audio, que todo el entramado y la conspiración provenían del general Bart Sheppard y del desaparecido Stuart Manfree, del que no se ha vuelto a saber nada.

—Hay un video que circula por la red—argumentó el representante inglés— ¿Qué responde a eso?

«El maldito video».

—Le respondo que cualquier técnico de diseño con el equipo adecuado y los suficientes conocimientos en edición de video puede crear un montaje de tales características.

El representante inglés no dijo nada más.

—Doctor Schiff—continuó hablando la secretaria—, si no le importa, podría proseguir con su presentación.

—Por supuesto, lo haré encantado—con sonrisa irónica—. Lo primero, felicitar al compañero por su impresionante argumentación, si no fuera porque ha hecho más hincapié en el uso de fibra óptica de cuarenta gigabits de velocidad de datos, que en la propia seguridad para la gestión de la información. Mi sistema está otro nivel, como se verá ahora. Yo me he basado en dos sistemas que sus países conocen muy bien y a fondo—miró a Estados Unidos e Inglaterra—, como son las redes de la empresa IBM y ciertas características de la red Echeleon[3], ya saben, esa que tiene pinchado a medio planeta.

—Al grano, doctor Schiff—Señaló la secretaria.

—Todos sabemos que a lo largo de 2015 algunas instituciones sufrieron muchos recortes presupuestarios en sectores de defensa, D.A.R.P.A. fue una de ellas. Yo he venido aquí a presentar un proyecto que llevo desarrollando los últimos años sin descanso. Para ser más claros, se lo presentaré en vivo para que lo observen y puedan tocarlo con sus propias manos.

Esa aclaración pilló a muchos por sorpresa.

—Doctor Schiff—La secretaria estaba dejando clara su posición esa tarde—¿A qué se refiere con presentar en vivo y poder tocarlo? No vemos que haya traído ningún material.

El resto de países realizaban comentarios con varias miradas lascivas a su persona.

---

[3] La mayor red de espionaje y análisis para interceptar comunicaciones electrónicas.

—No es necesario—Rod ya había estudiado la habitación desde su asiento: varios receptores WIFI en las paredes y uno en el techo—Denme dos segundos—. Había dejado la gabardina en su asiento, activó el brazalete de su brazo y su pequeña pantalla se iluminó. Todo el mundo se reclinó en su asiento. «Como las moscas al oler la mierda. Si queréis espectáculo, prestad atención». Un gran mapa de líneas y polígonos se materializó en la toda la sala. Una red de cables y dispositivos con todo lujo de detalles se mostró por el techo de la habitación—. Espero que no hagan preguntas hasta que termine. Les presenté un supersistema para centralizar diferentes tipos de redes de información global. Es decir, enlazar todas las bases de datos del planeta a un único servidor central dirigido—Se apresuró antes de que alguien dijese algo y señaló a la secretaria— y supervisado por una persona seleccionada por la institución en la que estamos reunidos hoy...

Efectivamente, nadie dijo nada. Había que ahorrar problemas, sobre todo tratándose de seguridad cibernética mundial. Todos los espectadores intentaron tocar la holografía y alguno se atrevió a cortar algún cable.

—Impresionante—respondieron Yuri y la representante asiática contemplando la estructura virtual.

—Todo el análisis de datos y su uso se realizarían en tiempo real. Mi empresa, Industrias Astratech—Continuó explicando Rod—, diseñadora del sistema informático, ofrece sus servicios como gestora del proyecto. Colaborando, por supuesto, para una ley de protección datos que estaremos encantados de firmar.

—¿Cómo podemos fiarnos de que no hará un uso indebido de esa información o la venderá al mejor postor?—preguntó el representante estadounidense.

—Me alegro de que hayamos prestado atención—respondió enviando un mirada a la secretaria—. Como he dicho antes, una persona designada por la O.N.U. supervisaría todo el proyecto.

—Esta organización—prosiguió a decir la secretaria—, cuenta con una empresa especializada que colaboraría con dicha supervisión. A no ser que hubiera algún problema respecto a ello.

—No creo que nadie tenga tanta autoridad para realizar esa supervisión. Lo siento pero me abstengo—Sentenció el representante estadounidense.

La secretaria se sintió ofendida.

—Y si le dijera que yo, personalmente, me ofrezco voluntaria junto a esa empresa para su supervisión, ¿cree que tampoco tendría la cualificación y competencia necesarias?

—Ya he tomado mi decisión—insistió el estadounidense cruzándose de brazos.

La habitación guardó silencio. La secretaria de estado había hablado y su propio país no la apoyaba.

—Entonces prosigamos con las votaciones.

El representante americano rompió su silencio.

—El gobierno de los Estados Unidos no dejará que una empresa independiente controle toda la información. Para eso tenemos nuestros propios servicios.

—Sin ánimo de ofender—respondió Rod—, pero no me gustaría que los creadores del gran hermano tuvieran acceso a toda la información del planeta en tiempo real. No sé si me entiende.

«Inglaterra»: Una empresa con cierto pasado dudoso no debería tener tanto poder.

Rod se defendió.

—Ustedes van a apoyar a quien les pinchó los teléfonos durante la guerra de Irak, que quedó demostrado que no fue Oriente Próximo quien ordenó el ataque inicial. Ya sabe cuál—La secretaria pidió orden—. Los servidores lo pueden usar a su favor para seguir sus planes y recabar información. Lo llevan haciendo durante décadas sus servicios de inteligencia.

«Rusia»: Yo por mi parte, estoy fascinado con la presentación del doctor Schiff y daré un voto de confianza al joven emprendedor idealista. Y mi compañera asiática creo que opinará igual.

«China»: Nos negamos a que el cerdo imperialista domine el mundo otra vez. Bastante poder ha tenido en los últimos cuarenta años. Esa es nuestra postura.

El resultado quedaba en tres votos en contra y dos a favor.

—Realizaré un informe detallado de toda esta sesión—respondió la secretaria—. No se preocupen., cada asistente recibirá una copia—Los representantes se levantaron de sus asientos—. La presentación ha terminado.

El servicio de seguridad acompañó a todos los invitados a sus despachos privados.

Rod desconectó el sistema holográfico. Había salido mejor de lo que había esperado. Sabía que era muy difícil que les hubieran adjudicado la dirección del proyecto, pero ver a la secretaria salir en su defensa, debía significaba algo. Su propio país la había dado esquinazo. Eso era poco respetuoso. Tenía ganas de leer ese informe.

Sus dos nuevos contactos le esperaron en la salida. La secretaria se le acercó y le entregó una tarjeta.

—Como he dicho antes, hay una empresa especializada en estas plataformas. Si necesita ayuda de cualquier tipo, llámeles. Prefiero que su empresa, la cual yo supervisaría, lleve el proyecto, a que alguno de ellos lo haga. Dígales que va de mi parte. ¿Ha quedado claro?

—Cristalino.

Rod miró la tarjeta y leyó el nombre: «Cybersyn Corp.».

—Buen nombre—murmuró—. Espero que estén a la altura.

Yuri le estrechó la mano.

—Espectacular presentación Roderick, les has dado donde más les dolía.

—El señor Yamata no me informó de que su sistema fuera tan realista—dijo satisfecha la representante asiática—. Ha sido impresionante.

—Gracias—respondió Rod—. Pero aún no me ha dicho su nombre, señorita...

—Xiaomi Xiaolian, mi madre trabaja en el banco popular de China y desean actualizar y reforzar su red informática bancaria. Por eso estoy yo aquí, representándoles. En mi opinión, quedarán bastante satisfechos con su proyecto. El señor Yamata es un socio comercial.

—Ya, pero hay un problema—señalo Rod—. No he salido vencedor.

—No te preocupes, Rod—Le animó Yuri—. Un día se pierde, pero otro día se gana. Además hemos sido testigo del aire que se respiraba en la sala. Puede que en menos de un año la cosa cambie. Créame, estas cosas siempre suceden.

En el viaje de vuelta por los pasillos ya nadie le miraba de reojo. Parece que alguien había filtrado información sobre la reunión. Técnicamente, había ganado. Había demostrado la superioridad de su empresa, había logrado mandar un mensaje. Nadie le llamaba traidor en su propio país. Se detuvo delante de una ventana y activó una función de su brazalete. Introdujo un código y una barra de progreso confirmó la orden. Rod dibujó una sonrisa y se dirigió a la salida del edificio.

Se había dado cuenta de una cosa. Necesitaba a su equipo. Todo funcionaba mejor cuando estaban todos juntos. Debía contactar con Elizabeth, ella era la persona de los contactos.

No perdió más tiempo.

Activó otra función del brazalete. «Regresar a casa». Acto seguido su cuerpo desapareció. Había logrado perfeccionar la técnica del profesor Thomas Blake del teletransporte sin posibles problemas secundarios.

# 5

## Gran Torneo Cibernético de D.A.R.P.A.
## Enero 2016

El director de la agencia pidió silenció a las personas de toda la sala y, una vez logrado, el juez más veterano inició el discurso de apertura.

—Queridos compatriotas y competidores hackers. Bienvenidos a la fase final del gran torneo de ciberseguridad desarrollado por D.A.R.P.A. Han sido dos largos años. Sabemos que todos os habéis involucrado en cuerpo y alma en este proyecto. Este es el primer torneo de seguridad informática diseñado para poner a prueba el ingenio de las máquinas. Y hoy, es el día que culminará con el clásico juego de «capturar la bandera»—La expectación se respiraba en el aire, todos los equipos estaban ansiosos por empezar—. Como todos sabéis, cada día, expertos de todo el mundo trabajan con sistemas computarizados para identificar los ataques y crear parches correctores y, por supuesto, distribuirlos a los usuarios de todo el mundo. Un proceso que puede durar meses desde el momento en que un ataque se lanza por primera vez. El único método eficaz, contra el cada vez mayor volumen y diversidad de ataques, es cambiar a sistemas totalmente automatizados, capaces de detectar y anular los ataques al instante. ¡Ese será vuestro objetivo de hoy! Acelerar ese proceso—El director observó las miradas atentas de todos los participantes—. Hemos creado un código que es incompatible para cualquier software del mundo. Vuestro objetivo será realizar ingeniería inversa, localizarlo y destruirlo, además de solucionar las vulnerabilidades ocasionadas. Conocéis las normas y los objetivos a conseguir. El primer equipo que logre llegar a la meta, ganará los 2 millones de dólares. El segundo 1 millón. Y el tercero, 750.000 $. Me gustará conocer a la persona que dé con la clave para penetrar los muros cibernéticos de esta gran institución.

Los diez equipos estaban preparados para alzarse con el primer premio. La competición exigía de nivel y destreza y eso lo hacía más interesante. Los últimos años la tecnología había avanzado mucho y la dificultad era el mejor reto para una competición de esas características.

—Por supuesto, no nos olvidamos de dar las gracias a nuestros nuevos patrocinadores: Industrias Astratech y la corporación Yamata. Sus representantes no han podido venir físicamente y nos han otorgado una muestra de su tecnología presentándose holográficamente en tiempo real.

Ambas personalidades aparecieron y saludaron al público.

—Los ganadores se llevaran un equipo completo de nueva generación de la primera promoción limitada que sacaremos para D.A.R.P.A., y una vez dicho esto, os deseo mucha suerte a todos.

El señor Yamata cedió la palabra al jurado. El reloj estaba a punto de dar la hora.

En otra sección de las instalaciones, otros invitados tenían sus propios planes.

—Daniel, conoces tus objetivos—repitió una voz por el auricular—. Debes encontrar cualquier posible rastro del gusano que sirva de ventaja en el torneo. Pero te aviso de antemano, no juegues a ser Dios. Como te pillen haciendo algo donde no debes, deberás desaparecer rápido y destruir tu portátil. Nos ha costado mucho convencer a D.A.R.P.A. para que organice este torneo de ciberseguridad. Necesitamos el expediente del «Proyecto Pegasus de 2013». Nos jugamos mucho en todo esto.

—Sí, jefe. Lo sé. Sólo voy a navegar un poco por sus servidores—Se recogió la corta melena y se frotó las manos—. Ya sabe cómo funciona este mundillo. El interior de un servidor es como una ciudad, con sus calles, sus edificios, sus cloacas... Sólo hay que saber dónde buscar. Se supone que sé más que ellos. Yo arreglé el cortafuegos de la O.N.U. Su compañera me debe un favor.

Daniel tardó menos de lo esperado en atravesar los primeros niveles de seguridad. «Qué raro, antes bromeaban con sus defensas». Daniel logró acceder a la zona principal. Era capaz de visualizar proyectos de bastante envergadura pero no era lo que buscaba. Consiguió acceder a los servidores privados de la agencia y localizó el expediente que buscaban. Tenía varios proyectos asociados. Inesperadamente, una interferencia le dio la señal de alarma. En su pantalla, una ventana secundaria le advirtió de que dos oficiales de seguridad se movilizaban hacia su posición. Daniel se arremangó el brazo y presionó un botón del dispositivo de su muñeca. No pasó nada. Lo presionó de nuevo, pero tampoco. «Debe haber un campo electromagnético en el exterior». Corrió hacia una escalera de emergencia y bajo por las escaleras. Accedió a un garaje evitando que nadie ni las cámaras le vieran. Probó de nuevo, presionó el botón y funcionó. Logró teletransportarse fuera de edificio.

Había vuelto a su casa. Respiró, se quitó la chaqueta y la colgó de la percha de la pared.

Una pantalla de su laboratorio informático se encendió y apareció una imagen codificada.

—Aun no entiendo cómo pudieron localizarme—Se exculpó Daniel—. No dejé huellas. Cerré todas las puertas virtuales. Tenía estudiados todos los puntos clave. Ese tío es más listo de lo que parece. Ni siquiera pude teletransportarme desde el interior.

—¿Qué significa eso?—preguntó la imagen.

—Sabemos que Industrias Astratech está protegido por un campo de fuerza y ellos son uno de los promotores del torneo. ¡Sume!—Daniel tuvo una corazonada—Tengo que comprobar una cosa. Sigo conectado a D.A.R.P.A. Eso es algo que no pueden impedirme.

—¡Ten cuidado!—dijo la voz—. Ahora no es como hace diez o veinte años. La informática y la seguridad han evolucionado bastante.

En eso tenía razón, la tecnología había avanzado muy rápido esa última década.

Se acercó a su escritorio y accedió al sistema de cámaras de D.A.R.P.A. El torneo continuaba. Sólo había una forma de saber si habían instalado alguna tecnología de Astratech. Cogió unas gafas de realidad virtual y se proyectó holográficamente dentro del edificio a través de sistema wifi del edificio. No era la primera vez que se veía así mismo como una imagen tridimensional. Se dirigió al almacén y buscó la zona de seguridad. Debía encontrar un contenedor con el logotipo. Des su escritorio, movió las manos y en el visor de las gafas se proyectaron todas las cámaras de seguridad. El programa encontró lo que buscaba y lo examinó. La placa identificadora decía: «Industrias Astratech». Abrió el contenedor pero estaba vacío.

—¡Te lo dije! Ese tío es listo—dijo tras quitarse la gafas de realidad virtual y regresar a la realidad de su casa.

—Podemos suponer que todo se debe al trato de colaboración hecho en 2013—dijo la voz—. Ya sabíamos que la corporación Yamata trabajaba con ellos desde hacía años proporcionándoles suministros de todo tipo.

Daniel transfirió los datos obtenidos de la operación al monitor principal de su laboratorio informático. Observó la imagen del contenedor. Algo se le escapaba.

—Se han tomado muchas molestias en asuntos de seguridad. Es como si quisieran resolver un problema interno.

La imagen codificada de la voz en la pantalla se quedó pensativa.

—Sabemos que el mes pasado, Roderick Schiff participó en una conferencia sobre seguridad cibernética acerca de un sistema para gestionar diferentes tipos de servidores de información simultáneamente. Pero la propuesta no fue apoyada por Estados

Unidos, en cambio sí lo fue por Rusia y China.

«Entonces lo entendió. Esa era la clave».

—Eso es jefe. El torneo era una tapadera para encontrar algún método de corregir ese fallo, ese código incompatible, sin dejar huellas. Decenas de hackers participando en el mismo lugar.

—Entiendo—dijo la voz—. Menos mal que nadie te capturó. Es posible que tengas una segunda oportunidad.

—¿Por qué lo dice?—se sorprendió.

—Es posible que alguien te llame en pocos días para solucionar cierto asunto. Recuerda que no soy el único que tiene tu tarjeta.

# 6

## Industrias Astratech, Castillo de San Marcos
## Febrero 2016

Frente a la entrada de su hogar, de puertas para afuera, parecía una simple fortaleza medieval restaurada. Un año atrás, Rod encargó a su compañero Inesh Lazard la instalación de un campo electromagnético para evitar posibles intrusiones en el caso de que algún país decidiera realizar visitas inesperadas de cualquier tipo, tanto como aire como por tierra.

Sin previo aviso, un objeto de gran tamaño caía de la estratosfera irrumpiendo en el espacio aéreo a gran velocidad y chocaba contra el escudo electromagnético desintegrándose por completo. Esa escena quedaría grabada para la posterioridad por las cámaras de seguridad de la empresa. La orden que había emitido en su brazalete desde la O.N.U. había funcionado. Atravesó la verja exterior del castillo y, al mirar al cielo, saludó a una esfera que vigilaba desde las alturas. La fortaleza le daba la bienvenida.

Una persona le esperaba en la puerta principal.

—Buenos días, señor Schiff—saludó Sysco.

—Buenos días, Sysco—saludó al guardián del edificio— ¿Qué tal tu configuración?

—Perfectamente, señor—respondió el androide—. No ha habido ningún intento de intrusión ni interferencia—miró al cielo—, a excepción del satélite militar de la OTAN que se ha desintegrado sobre nuestro techo. Pero descuide, he descargado todo lo que había en su interior. Nada que no tuviéramos ya, a excepción del informe completo de 2013—Rod sonrió—. ¿Ha ido bien su reunión matinal?

—Novatos. Les tienes que explicar todo. No saben diferenciar la teoría de la práctica.

—Ya sabe cómo funciona el mundo. Hasta que no lo ven con sus propios ojos, no se creen nada.

Entraron al edificio y Rod sincronizó su brazalete con el programa del androide. En su memoria interna encontró un directorio con las obras completas de la filosofía universal y el expediente de 2013.

—¿Se puede saber que has estado leyendo en internet?

—Un poco de todo—respondió Sysco—. Es interesante la diversidad de ideales que posee el ser humano—Sysco recibió un mensaje—. Creo que su día aún no ha terminado señor.

Una proyección holográfica mostró a la secretaria. No parecía contenta.

—¿Usted sabe algo de cierto satélite secreto que ha sido derribado?

—Señora secretaria, si en efecto es secreto no puedo conocer su existencia—respondió Rod en tono tranquilo—. Si se refiere a un objeto metálico de gran tamaño, acaba de estrellarse en mi tejado.

—No se haga el tonto conmigo, Roderick—respondió la secretaria cruzándose de brazos.

—Yo acabo de llegar. Sysco le puede mandar el video de seguridad si lo desea. Soy inocente—dijo mostrando las manos con los guantes.

—Hágalo, si no es molestia. No es necesario calentar el ambiente—Se despidió con un ligero saludo.

Rod recordó lo primero que debía hacer.

—¿Cómo está nuestro amigo del piso inferior?

—En estado de éxtasis, señor. Cómo debe ser.

Esa respuesta le agradó. Si por algún fallo, hubiera despertado, tendrían un gran problema.

—Echémosle un vistazo.

El ascensor también había sido sustituido por la misma tecnología. Sysco había sido otro de sus éxitos, le ayudaba a actualizar todos los sistemas informáticos del edificio mientras él estaba fuera. Nadie en el exterior sabía de su existencia, más que sus compañeros.

Un artefacto se pronunciaba por encima del resto. Uno de los contenedores de la habitación estaba constantemente en funcionamiento. Los sensores indicaban que había un individuo en su interior.

—Siempre me he preguntado hasta cuando te mantendríamos vivo—murmuró Rod—. Lo bueno es que le has servido a Ezequiel para sus investigaciones neurológicas. Tu cerebro es único.

Presionó un botón del panel de control y el cristal de la cubierta se limpió instantáneamente. Esa cara, nunca se la borraría de la memoria. Ni siquiera habiendo desaparecido. El error de hace tantos años seguía con vida

—El error de Stuart Manfree—murmuró—Sysco, ¿sabes por qué le llamamos así?

—Se considera un error lo que nunca debió suceder, señor—respondió el androide.

—Exacto, pero sucedió. Por eso está aquí. El primer clon por vía espontánea del mundo. Cada vez que recuerdo ese día, esa maldita máquina, el prototipo de teletransporte, pienso que fue un sueño. Fue una noche muy larga—presionó el botón de nuevo y el cristal se oscureció—. Pero de los errores se aprende, y mucho, créeme. Tú tienes suerte. Eres incapaz de cometerlos—Entonces se acordó—. Hazme un favor, haz un diagnóstico completo del sistema. Registros. Todo.

El androide tardó menos de cinco segundos.

—Todo limpio señor. No se ha movido de aquí.

Rod se relajó. Lo necesitaba, pero una llamada rompió el silencio. Era la secretaria de nuevo. De su brazalete se proyectó la imagen.

—¿En qué puedo ayudarle esta vez?

—Doctor Schiff, ¿qué tal progresa su revolucionario sistema?

No le dejaban ni respirar. Trató de salvarse por la tangente.

—Sigo arreglando ese detalle técnico que le comenté.

—Siempre puede llamar a ese número que le di. No constará en su expediente. No se preocupe.

—Prefiero ultimar mis opciones. No se preocupe. Le prometo que si no encuentro ninguna solucionó me decantaré por su ayuda.

—Me alegro de oírle decir eso. Por cierto, llamaba para comentarle que debido a nuevos eventos de agenda, tiene de margen hasta dentro de cinco meses. Antes de las vacaciones de verano, ya sabe. Espero que sea tiempo suficiente para dejar todo sellado y terminado.

Cinco meses era tiempo suficiente, debía serlo. Había gestionado en tres años el estudio y desarrollo de más de diez años oculto por el bastardo de Stuart, sin ayuda de nadie, gracias a un superordenador. No estaba mal.

—Me parece bien. La mantendré informada, señora secretaria—La conexión terminó. Buscó un asiento y reflexionó—. Sólo me queda una opción.

—Creo que lo ha intentado infinidad de veces—argumentó Sysco.

—El problema es la compatibilidad. Los diseños dibujados en el libro, en cuanto a materiales, ingeniería, matemáticas... no hay problemas, pero en el sector informático, no se ajustan con nuestra tecnología computacional. He tenido que crear atajos y parches. Pero aun así, nada—En su bolsillo guardaba la tarjeta. La sacó, la observó y la volvió a guardar—. Es irónico. A veces me quedo mirándola y es como si una voz me dijera que llamase, pero mi orgullo me lo impide. Probaré una última vez con el libro.

Rod había cambiado la arquitectura del ordenador central. Ya no había monitores y teclados. Ahora sólo había varias pantallas de cristal. En la mesa había dispositivos que proyectaban las llamadas. El sistema se había simplificado todo lo que la tecnología actual le había permitido. Pero seguía sin poder resolver una simple cuestión de gestión: Administrar todas las diferentes bases de datos del planeta al mismo tiempo desde un único administrador. Ese era el propósito del «proyecto L.A.I.C.A».

—Si lo desea, puedo virtualizar la información digital del libro.

—Gracias Sysco, pero necesito algo que un proyector no puedo ofrecer. Esa sensación. Esa energía que sale libro. Sé que no puedes entenderlo.

—¿Se refiere a la meditación, señor?—Rod le dirigió una mirada de curiosidad. Nunca le había oído hablar sobre esos temas—. Por lo que he leído, es una técnica que usan en el sureste asiático para lograr una tranquilidad mental y con ello, aumentar la conciencia y la observación progresivamente. Sus informes relatan la misma situación. Primero, entran en un estado de trance y después adquieren conocimientos. Relativamente, es parecido.

Rod estaba asombrado. Su inteligencia artificial era capaz de hacer una síntesis sobre conceptos y metodologías que no todo el mundo comprendía. Y solamente, obteniendo la información de los libros.

—Algo así. No ha estado mal—respondió aplaudiendo a su compañero.

—Por favor, señor, era una mera observación sobre el concepto—respondió el androide.

Rod se dirigió al único lugar donde podía guardar el objeto más valioso del mundo. Abrió una puerta y ahí estaba: la sala de reuniones. No había vuelto a entrar desde la última vez. La decoración de la pared le trajo recuerdos. Cada socio tenía su sello distintivo en su lugar correspondiente. Se acercó al suyo en particular y lo presionó. Del centro de la sala, del mismo suelo, ascendió una delgada columna con una vitrina de cristal. Rod se acercó para observar su contenido. Ahí continuaba, el rumbo de su vida cambió por ese libro. Lo sacó con cuidado, lo apoyó en la mesa de media luna y lo abrió por su sección. La familiar luz le inundó de nuevo.

Sysco observaba desde la puerta.

Rod había entrado en otro mundo.

«Un lugar lleno de imágenes y números. Códigos y diagramas. Flashes y respuestas. Todas esas respuestas que le ofrecía el libro no eran aplicables a la programación del siglo XXI. Esos esquemas estaban a otro nivel. La información se transformaba en algoritmos, sin llegar a ser una inteligencia independiente. Necesitaba algo más sencillo. Una simple red que permitiera la comunicación de unos sistemas con otros. Un programa que hablase por todos, que los guiase... No podía ser tan difícil».

Hasta que encontró una posible respuesta.

—Sysco, hazme un favor—El androide prestó atención—. Proyecta la sección administrativa del programa. Tengo una posible vía de escape para nuestro problema—La imagen ocupó el centro de la sala. Rod buscó la sección que buscaba y amplió la imagen. Tenía una solución, pero necesitaba un atajo para usarla—. Odio admitirlo, pero tiene razón.

—Señor, ¿quiere que llame a ese número por usted?

—Sí, por favor. No perdamos más tiempo.

# 7

## El técnico
## Febrero 2016

El receptor de su oído le informó de una llamada entrante. A través del enorme cristal que tenía delante podía ver como dos delfines se reunían con el resto de la manada. El altavoz del pasillo anunciaba que el espectáculo de la superficie se había terminado y avisaban de que, en los próximos treinta minutos, cerrarían las instalaciones del parque acuático.

Hubo un segundo tono de llamada.

En el agua, muy a lo lejos, veía como uno de los cetáceos se separaba momentáneamente del grupo y se acerca a ese humano curioso que estaba mirando a través del cristal. Daniel se acercó y aceptó la llamada entrante.

—Cybersyn, ¿En qué puedo ayudarle?

—Hola, buenas tardes. Un amigo me ha recomendado sus servicios. Tengo un problema al gestionar varios servidores de información.

—¿Ha probado a simplificarlo?—preguntó Daniel—. Utilizar un gestor multiplataforma. Hay varios en el mercado—respondió decidido y sin miedos. Esa podría ser la llamada de la que le avisaron.

—Sí, créame, lo he intentado. Mi problema es más delicado—Su voz demostraba un gran peso sobre sus hombros y falta de opciones—. Necesito coordinar y gestionar diferentes tipos de servidores de información simultáneamente.

Daniel se quedó en silencio. No podía estar hablando en serio, esa tecnología no estaba disponible todavía en el mercado. Y sólo había una posible razón para querer hacer eso.

—Tengo una pregunta y si me convence su respuesta, decidiré si aceptó—Rod guardó silencio. No le hacía gracia que le dieran órdenes, sobre todo en su campo de juego. En su especialidad—¿De qué alcance estamos hablando?

—Global—Rod jugó su última carta.

Esa era la respuesta del billón de dólares y el trabajo que le habían comentado.

—De acuerdo, sé cómo podría ayudarle. ¿A dónde he de ir?

—Diríjase a Industrias Astratech. Pude venir cuando le venga mejor.

En el exterior del acuario había empezado a llover. Le gustaba acudir a ese lugar, le relejaba. De donde él provenía no tenía esa oportunidad. Movió su muñeca y apareció su reloj. Giró la caja de metal 360 grados y despareció de ese lugar sin dejar rastro.

Apareció en Florida, entre una hilera de árboles, delante de un castillo. La gran puerta de metal del perímetro se abrió ligeramente. Accedió al patio interno y, al observar el cielo, encontró la seguridad. Una esfera de metal vigilaba desde las alturas. El viaje desde el acuario había sido instantáneo. Astratech no eran los únicos con recursos. Una voz le dio la bienvenida por el interfono de la puerta. Un pasillo de unos veinte metros le separaba de la puerta principal. Un coche eléctrico de Tesla Motors[4] descansaba en el aparcamiento de la empresa. Al llegar a la puerta, se abrió automáticamente.

Accedió al interior donde una persona le esperaba.

—Buenas tardes, mi nombre es Sysco. Usted debe ser el técnico. Le acompañaré con el doctor Schiff.

Daniel quedó sorprendido. Sabía de sobra que esa persona no era humana: la textura de la piel, los movimientos perfectos... Lo sabía porque todavía no había salido al mercado ningún androide con ese

---

[4] Compañía estadounidense que diseña, fabrica y vende coches eléctricos.

diseño tan idéntico a un humano. Decidió seguirle la corriente y averiguarlo más tarde.

Su cliente le esperaba al final del pasillo.

—Buenas tardes, me llamo Roderick Schiff y supongo que ha oído hablar de nosotros.

—Yo soy Daniel. A secas—Le estrechó la mano—. He leído algún artículo. Vuestro jefe desapareció incriminándoos o algo así. Menudo valor.

—Gracias. Es muy amable. Desde entonces, yo me he ocupado de mantener la empresa al día.

Daniel sentía curiosidad por sus instalaciones. Si una institución de sus características era capaz de poseer un androide tan avanzado y tener un socio como la Corporación Yamata, significaba que poseían muchos recursos.

—Creo que me iba a enseñar esa obra de arte, doctor Schiff o ¿pudo tutearle, Rod?—decidió romper el hielo. Era la mejor manera en ese tipo de situaciones, sobre todo cuando una gran empresa se veía obligada a solicitar los servicios de un Freelancer[5]—. Me tiene intrigado: una gestión de servidores de datos a escala global. Eso requiere mucha energía y recursos dedicados.

Rod sonrió. La conversación había empezado bien.

—No ha visto nada. Le enseñaré algo que nunca olvidará—Le llevó a la sala de reuniones. Durante el camino se fijó en un pequeño tatuaje del cuello de su invitado—. Supongo que ser Freelancer tiene sus ventajas—Rod le señaló el cuello.

Daniel no se había dado cuenta. El cuello del jersey se debía haber caído. El invierno le daba la ventaja de poder ocultarlo sin tener que preocuparse. No le dio mucha importancia.

—Ventajas y gajes del oficio. Todos los negocios los tienen.

---

[5] Trabajador autónomo, por cuenta propia o trabajador independiente.

—Que me va a contar—respondió Rod—. Ya hemos llegado.

Las puertas se abrieron automáticamente. La habitación de las mesas de media luna. Daniel estaba impresionado.

—Me gusta su estilo Rod. Vanguardista.

—Ese es el lema de la empresa. Siempre buscando lo desconocido. Ahora mismo le enseño el problema.

Daniel caminó a lo largo del pasillo y, al llegar al centro, una sensación recorrió todo su cuerpo.

«Imágenes de su pasado pasaron por su mente. Había pasado mucho tiempo desde que había sentido algo similar. Sin darse cuenta, había regresado a su ciudad, con sus edificios, la casa del emperador... hasta su recuerdo más fuerte: una vista aérea de su antiguo hogar. A lo lejos, su antiguo laboratorio».

Una corriente eléctrica le atravesó el cuerpo y le despertó. ¿Qué había sido eso? ¿Por qué había sucedido? Miró sus pies y observó un delgado círculo en el suelo. ¿Qué había ahí debajo? Alzó la vista y se vio atrapado dentro de un holograma. Una red de información con servidores, bases de datos y enlaces entre todos ellos captó toda su atención. Parecía real. Casi podía tocarlo. Y, entonces, vio el fallo. La conexión más importante.

—Vera, Daniel...—Rod señaló con un láser algunas zonas del sistema virtual.

—Le falla el protocolo final. Hace incompatible el sistema.

Rod, sorprendido, asintió. En la simulación, había creado una infinidad de bases de datos y de servidores, pero faltaba la parte más esencial. Un programa que sincronizara todas ellas al mismo tiempo. En apenas unos segundos, aquel desconocido había localizado el foco del problema.

—¿Puede arreglarlo?

Daniel sonrió.

—Necesita lo que yo llamó un «traductor»—Rod prestó atención—. Alguien o, en este caso, algo que adapte cualquier idioma a uno universal. En este caso, un programa que traduzca todo al mismo idioma de programación. Y, respondiendo a su pregunta, sí, lo he traído—Daniel le enseño un pendrive y Rod le pidió que se lo diese. Lo insertó en el puerto de uno de los dispositivos que había en las mesas y lo analizó— ¿No creerá que he traído un virus sin tener una vía de escape?

—Le sorprendería las cosas que he llegado a ver. Algunas me han hecho ser precavido. No dudo de su integridad, no es nada personal. Es una mera formalidad.

La memoria flash pasó con éxito el análisis y Rod lo ejecutó dentro de su programa. En el holograma pudieron apreciar, en vivo, como el traductor se integraba en la estructura y se adaptaba a la red de información, como un simbionte interaccionando con otra entidad biológica, en este caso, corrigiendo el sistema. Todo parecía correcto. Rod procedió con varias simulaciones. Empezó con algo sencillo y fue añadiendo más y más dificultad. El sistema aguantaba. La red funcionaba.

Daniel, se posicionó encima del círculo del suelo. Sintió como la energía fluía por su tatuaje.

«Regresó a la vista área de esa ciudad, pero esta vez desde otra perspectiva. Vio una plaza, y en su centro, la estatua de una antigua amistad en agradecimiento por sus servicios. Entonces lo entendió todo. La corriente eléctrica volvió a circular por su cuerpo. Era su viejo compañero de laboratorio, no había duda».

Despertó de nuevo en la sala.

—No se preocupe por la factura, Daniel. Le pagaré lo que me pida—Para terminar, Rod realizó diferentes configuraciones de máxima dificultad, la red seguía funcionando—. Me acaba de salvar el culo.

Daniel reaccionó y levantó el pulgar en señal de aprobación.

—Sin prisa, no se preocupe. Por mi parte creo que he terminado. ¿Necesita algo más, Rod?—Se metió la mano al bolsillo y disimuladamente, dejó caer al suelo una pequeña esfera que se ocultó rápidamente.

El simulador captaba toda la atención del anfitrión. La respuesta fue no. Rod le acompañó muy agradecido hasta la salida. Daniel aún tenía una última pregunta en la mano.

—Por cierto, su mayordomo parece…diferente. No soy experto, pero creo que la robótica no está tan avanzada—Rod le lanzó una mirada—. A no ser que sea del sector privado.

—Ya sabes la respuesta—respondió Rod amablemente. Sysco se había adelantado para abrirles la puerta—. Interesante tatuaje el de tu cuello, supongo que tiene muchos años—Rod le señaló con la mirada. El tatuaje parecía desgastado.

—Sí, es de otra época—Lo acababa de revivir en la sala—. Todo tiene su historia—La imagen del patio exterior captó su atención—. Gracias por la experiencia, doctor Schiff. Quizás volvamos a coincidir en el futuro.

Rod y Sysco se despidieron.

Daniel salió por la gran puerta. Caminó a lo largo de la acera y cuando estuvo lejos de cualquier cámara, se teletransportó a su casa.

—Necesito un escáner biométrico de ese hombre—ordenó Rod a Sysco—. Hay algo insólito en él. Muy pocos hackers en el planeta están a su mismo nivel. Su programa es perfecto. Y ese tatuaje…—Rod regresó a la sala de reuniones—, lo he visto en alguna parte. Pero no recuerdo dónde.

# 8

## Biónico
## D.A.R.P.A., Febrero 2016

El cirujano dio por terminada la operación. Retiró el instrumental y apartó la bandeja. Su paciente, antes de iniciar el proceso, había decidido que quería estar consciente y ser sedado de cuello para abajo.

—Y se supone que con el ojo que me han puesto y este chisme— Con los dedos de la mano palpó la zona de su oído. El nuevo transmisor se había instalado detrás del lóbulo de la oreja—, tengo acceso a todos los datos del servidor de D.A.R.P.A. ¿Es correcto?

El agente Jim Mason había dirigido la operación y el doctor Thomas Blake había hecho de testigo. Jack Evans se había ofrecido voluntario para probar el nuevo sistema de administración de archivos en tiempo real.

—Simplemente piensa en un fichero y lo visualizarás en la interfaz que hemos desarrollado para el ojo biónico que te hemos instalado— El fantasma, el alias con el que era conocido, había accedido a colaborar con ellos, y el único requisito que le pusieron fue ese—. El transmisor hará de enlace entre tu córtex y la agencia. No puedes quejarte. Tienes acceso total a los proyectos y archivos confidenciales. Siempre y cuando, hagas un buen uso de ello.

Había una cosa que quería examinar. Pensó en ella. A través de dicha interfaz, visualizó un sistema de ficheros. Una carpeta se iluminó y varios archivos aparecieron en él. Sabía que el documento estaría completamente censurado, de modo que escogió el archivo de video de seguridad. Buscó entre los fotogramas y observó cómo su hijo aparecía de la nada en el interior de un laboratorio.

—De modo que fue así...—pensó.

Jim también había actualizado su indumentaria. Desde el brazalete de su brazo derecho hizo un pequeño análisis.

—¿Pasan tres años y lo primero que compruebas es lo que sucedió ahí dentro?—Jack giró la cabeza y le miró sorprendido. Jim no dudó en responderle—¿En qué momento te he dicho que lo que veas sea privado? Yo estoy al cargo de la seguridad de este proyecto y puedo realizar cualquier comprobación.

Jack sonrió y se incorporó en la camilla. Thomas pidió al cirujano que abandonara la habitación y tomó la palabra.

—Lo que no aparece en ese video es un pendrive con información que obtuvimos esa misma noche—Thomas miró a Jim—. Hemos decidido agregarte una copia de la memoria que nos dio tu hijo por si descubres algo que se nos haya escapado. Ya sabes, cruzar información, extrapolar, coincidencias... Lo que se te ocurra. Hay demasiada información confidencial para que sólo exista una copia de seguridad y, debido a tu experiencia y actual situación, eres la mejor opción para ello.

Jack pestañeó varias veces. Al pensar en lo que le habían dicho, en su ojo, una carpeta de otro color se seleccionó y le mostró varios contenidos: Documentos, proyectos, informes firmados, fotografías, protocolos, etc... Una firma le llamó la atención.

—Corporación Yamata—murmuró. Jim y Thomas se miraron. Sabían a quién se refería—. Por lo que sé, es una gran corporación japonesa de tecnologías vanguardistas—El logotipo de la empresa y varias imágenes de satélite aparecieron en su retina—. Así que esto funciona así—sonriendo

—Jack, te aviso de antemano. Como algo de todo eso se filtre de alguna forma, será tu cabeza la que ruede. Y tu hijo se verá afectado.

Jack se levantó y estiró los músculos.

—No os preocupéis. Con lo que yo sé y lo que me habéis instalado, creo que podremos agilizar bastante las cosas.

Thomas le hizo una seña.

—Respecto a eso…—Jim miró su reloj—. Como te hemos dicho antes, este es un modelo de prueba y parece que funciona perfectamente—Jack arqueó una ceja. Nunca le había gustado ese tipo de frases—. Cuando los chequeos confirmen que no existe ningún peligro con el córtex del cerebro, la siguiente fase será implantarlo a un equipo especial de la agencia—Jack reflexionó. Desde un principio sabía que los tiros iban por ahí. Un equipo especial. Eso incluía todo el personal del proyecto Pegasus—. Y en efecto, tu hijo irá en ese equipo.

—Pero él no pertenece a la agencia.

Jim se colocó delante de Jack.

—Tu hijo pasó de ser civil a agente en el momento en que viajó por el tiempo. Le tenemos fichado como asesor de prensa. Así que, cada vez que suceda algo, estará en primea línea..

—De momento lo hacen bien—dijo Thomas cruzándose de brazos—. Él y mi hija hacen un buen trabajo. Mientras él recopila información, ella argumenta lo sucedido al público.

Jim recibió un mensaje por tu transmisor.

—Debemos irnos—Salieron de la habitación—. Una última cosa Jack. No pienses en demasiadas cosas a la vez. Podrías sufrir una sobrecarga y no queremos sorpresas.

Accedieron al pasillo secreto de los proyectos cancelados[6] del almacén. Varias imágenes pasaron por su retina. Había oído rumores acerca de esos artefactos, pero nunca había visto pruebas de ellos. Decidió no decir nada, le habían confiado un sistema de información de doble filo. Podía verlo todo, pero a la vez podía saturarse de información. La información era poder y, en ese momento, estaba pagando el precio.

---

[6] Referencia al capítulo «Almacén» de «La llave dela eternidad».

El código de identificación de una puerta envió una imagen al ojo de Jack y se activó un fichero del servidor.

—¿Desmantelasteis la máquina?—preguntó en voz alta.

Jim sabía que se refería a la máquina del tiempo. Thomas tomó la palabra.

—¿No creerías que se quedaría eternamente en el laboratorio? Era demasiado peligroso dejarla en un lugar accesible. Tras leer el informe de Patrick decidimos dejarla con el mantenimiento mínimo. ¡No me atreví a desmontarla!

Patrick. No le había vuelto a ver desde las primeras reuniones después del incidente. Había sido extraño encontrarse de nuevo tras más de veinte años separados. La agencia le había hecho un enorme favor adelantándole información del pasado y pasándole un informe lo suficientemente detallado para evitar posibles preguntas incomodas.

—Tengo una duda—Jack palpó de nuevo el transmisor de su oreja—¿Tengo libertad de movimiento?—Jim se esperaba esa pregunta—. ¿Puedo ir a donde quiera por mi cuenta cuando quiera?

—Sí, por supuesto—Thomas miró su reloj—. Tú no eres propiedad del gobierno, sólo lo que llevas encima—. Thomas le hizo una seña—. Y por último, me gustaría que hiciéramos una prueba de campo—Jack levantó la mirada—. Así practicas en el mundo exterior. Iremos en coche.

El doctor Thomas Blake se puso al volante. Sólo ellos tres. Sin más testigos.

Realizaron un recorrido a lo largo de la capital del Estado. Jim Mason le fue señalando monumentos, edificios emblemáticos, esculturas y símbolos. La información llegaba a la interfaz de Jack de manera instantánea: fotografías, datos históricos, celebridades, sucesos buenos y malos. Jack, desde el asiento trasero, transpiraba progresivamente. Nunca se había entrenado para eso, pero no podía quejarse, había logrado un punto muy importante. La lucha por limpiar su nombre que había llevado durante veinte años no había sido en vano. Y ahora recogería sus frutos.

—Mira qué ves ahora—Le pidió Jim con tono serio.

Jack miró en la dirección señalada y antiguos sentimientos regresaron a su mente. Reconoció ese edificio, no necesitaba la tecnología de D.A.R.P.A. para ello. Era el apartamento donde estuvo viviendo su familia cuando se mudaron a la capital. Varias imágenes de su querida y difunta esposa junto a su hijo adolescente regresó a su mente. No pudo evitar emocionarse.

—No sé si darte las gracias o ahogarte aquí mismo—Jack puso su mano en el hombro de Jim.

—Deberías estar agradecido—argumentó mientras pasaban por un monumento histórico—. Cualquiera se hubiera desmoronado en tu situación con esa información. ¡Eres duro de pelar! Has superado mis expectativas y las del sistema.

—Tengo la sensación de que cuando regresemos tendré un fuerte dolor de cabeza.

—La farmacia de la agencia está abierta—respondió el doctor Thomas dándole ánimos—. Creo saber por lo que estás pasando. Casi pierdo a mi hija en ese experimento.

—Ahora mismo eres el hombre más poderoso y, a la vez, más peligroso del planeta—Jack sonrió, se sintió todavía más importante—. Y yo soy quien te custodia. Así que no te quejes y haz tu parte.

# 9

## Familia
## Febrero 2016

Tras arreglar el problema técnico y aprender de sus errores, Roderick Schiff aprovechó para avisar a sus compañeros para un futuro reencuentro.

—¡Muéstrame la agenda!—ordenó Rod al ordenador central.

La enorme ventana de cristal fue abriendo carpetas con sus respectivos nombres. Años atrás, acordaron que, para evitar cualquier malentendido, todo el mundo informaría de sus viajes, posiciones e investigaciones. La vida de cada uno continuaría siendo su vida privada.

«Lista completa del personal de Industrias Astratech: Elizabeth Rousseff, Otto Warburg, Arnold Morgan, Alexei Baskov, Melinda Kuhn, Inesh Lazard, Ezequiel Jamil, Paul Sheppard, Sra. Miw».

—Todavía no se ni su nombre—murmuró con un suspiro llevándose la mano a la boca—. Situación de cada uno—ordenó al ordenador.

La ventana mostró los últimos informes.

«Alexei e Inesh se encuentran cerca de Moscú en una antigua base militar abandonada realizando una investigación para el señor Yamata. Ahora están incomunicados debido a una tormenta; Melinda y Arnold se encuentran en Ámsterdam estudiando laboratorios para posibles investigaciones; Elizabeth y Otto se encuentran en algún punto de la costa Este; Ezequiel sigue en Sudáfrica cuidando de Paul y Halley en su casa; y la señora Miw está el Tíbet en silencio de radio».

—Traducción—rascándosela la perilla—, tengo que viajar por medio mundo para volver a reclutarlos. Qué le vamos a hacer...—

analizó el orden más lógico para la búsqueda—. Primero necesito a Elizabeth para que inicie movimientos. «Llamar a Elizabeth».

Una ventana de llamada apareció en pantalla, pero no estableció contacto.

—Continuemos—No debía perder tiempo. Cuando vieran la llamada se comunicarían—, transfiere todas las coordenadas a mi dispositivo. Les buscaré en persona—Recordó la investigación de Halley sobre sus dibujos. Introdujo su nombre en el buscador: «Halley Manfree».

Rod se quedó mirando la pantalla de cristal.

La última investigación de Ezequiel sobre la hipersomnia había conseguido algunos frutos. Halley había despertado. Además del tratamiento de Paul, había sacado tiempo para ella. La red de satélites de Astratech le permitía hacer el seguimiento del tratamiento desde su casa en Sudáfrica. «Caso raro de hipersomnia». Así lo denominó en su día Ezequiel. Ya tenía quince años y había pasado toda su vida en un laboratorio con el único contacto de su única familia, la empresa, y alguna salida controlada al exterior. Ahora residía en una casa rodeada de varias hectáreas de terreno. Desde que despertó, había rellenado muchos cuadernos con dibujos. Algunos no tenían ningún sentido, al menos en un contexto racional, pero esa era la esencia de los sueños, sólo su portador era capaz de interpretarlos. Ezequiel había probado con Halley una técnica poco conocida, la hipnomedia[7]. Hasta el momento, había dado buenos resultados.

La pantalla de cristal proyectó varios dibujos, sus favoritos. Sabían que tenían algún significado, que tenían relación entre sí, pero no lo habían averiguado. Intentó comunicarse con Ezequiel, pero tampoco daba señales de vida. Probó suerte.

—Halley, querida—Rod activó el micrófono de su habitación—.

---

[7] Enseñanza a través de los sueños.

¿Cómo te encuentras hoy?—La muchacha apareció delante de un monitor. Ahí estaba tres años después. Había pegado el estirón— ¿Paul está contigo?

—Hola Rod, sí, Paul está con Ezequiel. Le está haciendo un nuevo escáner cerebral—respondió la muchacha—. Está estudiando el progreso de un nuevo tratamiento que parece que podría funcionar.

Era increíble que entendiera la naturaleza de su nuevo compañero y fuera tan afín a él. Al fin y al cabo, eso era bueno. Una buena relación podía mejorar ambos pacientes. Ezequiel había hecho un buen trabajo llevando dos estudios simultáneos y era una suerte que ambos estuvieran dentro de su campo. La neurología.

—¿Puedes conectarme con la otra habitación, Halley?

—Claro, tío Rod.

Tío Rod, aún no se había acostumbrado a eso. Técnicamente todos eran familia, pero ella era un caso especial. Nunca olvidará las imágenes del día en que el clon de Stuart Manfree huía de la fortaleza. Mismos genes, misma llave biométrica… Todo igual ya que eran gemelos, estrictamente hablando. No consiguieron determinar cómo ni porqué la máquina respondió de esa manera.

«Esa noche encontraron su rastro por pura casualidad. La gente comentó ver a un tipo deambulando de manera extraña por las calles de la ciudad y accediendo a una casa de poco prestigio. Cuando llegaron, ya era tarde. Había desparecido y la mujer también. Tras varios meses de investigación dieron con ella, pero había quedado embarazada de ese error de la naturaleza y nadie sabía cómo podría terminar eso. De modo que se llegó a un acuerdo con ella y el día que diera luz, ellos se quedarían con el vástago para estudiar su progreso. Y nació Halley».

En el monitor apareció otra ventana.

Tenía imagen directa con Ezequiel. Rod recordó el día que instalaron todo ese equipo en su casa. Ezequiel disponía de un equipo especial, habían logrado adaptar la tecnología de proyección tridimensional para fines médicos. Paul estaba tendido sobre una cápsula horizontal y un artefacto de cristal le realizaba un escáner completo. En ese momento, tenía un holograma técnicamente real del interior del cerebro de Paul.

—Compañero, ¿qué tal van las pruebas?

—Rod—Saludó a la pantalla—. ¡Qué alegría verte! Ha pasado mucho tiempo. ¿Todo en orden por allí? ¿Alguna novedad?

«Bastantes, era la respuesta adecuada».

Tras hacerle un resumen de la conferencia y de sus últimos momentos sacados de un reality show, Ezequiel tuvo que detener el escáner.

—¿Que ocurre, qué?—preguntó con una mirada de sorpresa—. Eso sí que no me lo esperaba, de modo que se pusieron en contra de ella, aunque tratándose de gestionar datos a nivel mundial… Ya sabemos quién juega con quién—Reanudó el escáner y completó la prueba—. ¿Todo bien, Paul?—Paul asintió—¿Cómo está tu inquilino especial? ¿Se ha escapado o algo?—preguntó mostrando un seca sonrisa.

—Ya sabes que no puede despertarse si no se le procesa para ello. Y sí, lo comprobé hace poco. Sigue ahí abajo. Por cierto, es hora de hacer una reunión. Hay que ponerse en serio con el proyecto y a ti te toca hacer de tu magia. Tenemos que probar las conexiones sinápticas de la silla del capitán.

—Ya ha llegado ese día…—Ezequiel miró a Paul y a Halley. Habían pasado tres años sin darse cuenta. No había parado en sus investigaciones. Estaba preparado para lo que llegara. Pero no les podía dejar ahí—. De acuerdo, pero iremos los tres. Ya lo prepararé todo. Tú busca al resto.

—Contaba con ello. Me irás informando.

## «Melinda»
## Sala de Conciertos de Ámsterdam
### 52° 21' 22.4302" N / 4° 52' 44.3237" E

Nadie había notado su presencia.

La puerta del edificio estaba abierta y la gente caminaba sin prisa. Podía significar que había llegado pronto. Intentó contactar con Melinda pero su móvil estaba apagado. Su GPS indicaba que se encontraba dentro del edificio. Una cosa estaba clara, si no podía rastrearla, llamaría su atención. Encontró un cartel que decía: «Tristán e Isolda. Wagner».

«Esto va a ser interesante».

Rod subió a la segunda planta y, disimuladamente, instaló pequeños dispositivos en las paredes de la gran sala del teatro. Caminó por uno de los pasillos para buscar una habitación vacía. Se quitó la gabardina y activó su brazalete. «Accediendo a control remoto. Regular la luz según la armonía de la música». No le hacía ninguna gracia esa acción, pero no le apetecía entrar dentro y ponerse a buscar a Melinda entre la multitud. Un aviso de esas características debería ser suficiente. El mapa de la sala se proyectó en el aire. Sería interesante ver el juego de colores durante la presentación.

El ensayo de la obra iba a comenzar.

Como todos los miércoles, la orquesta iba a deleitar con una demostración en directo. Melinda, sentada en los asientos del primer piso, contemplaba como los músicos tomaban posiciones. Necesitaba un descanso. Había estado toda la semana investigando posibles inversores para su empresa. El director de la orquesta se puso en posición y se preparó para dar la primera nota. La música de Tristán e Isolda comenzó a inundar la sala. Su móvil volvió a sonar, pero no le hizo caso, lo puso en silencio y continuó contemplando el espectáculo.

Una niebla de colores vivos apareció a varios metros por encima de la orquesta, una fina película que cambiaba progresivamente a medida que el director daba las notas musicales[8]. Los músicos no lo advirtieron y el público quedó anonadado e impresionado. El espectáculo estaba garantizado. Melinda sabía que el artífice de esa exhibición era el mismo que la llamada. La niebla comenzó a expandirse, pero decidió esperar a que terminara.

Treinta minutos después, el público se levantó de sus asientos y aplaudió plausivamente.

Melinda caminó por el pasillo en dirección a la salida, encendió el móvil y buscó una zona aislada.

«Es hora de reunirse. Las cosas han cambiado. El sistema de comunicaciones está terminado y funcional. Hay que ponerse en serio con el proyecto. Avisa a tu compañero. Ezequiel está avisado y del resto me encargaré estos días. Tienes un transporte esperándote en las coordenadas de tu GPS».

Las coordenadas se encontraban muy cerca de ahí, cerca del hotel donde estaba alojada. Envió un avisó a su compañero, él también estaba incomunicado. Pocos minutos después, encontró la sorpresa de Rod. Una moto de hielo descansaba en uno de los tantos canales congelados de la ciudad. Una ruta de escape original. El camino de hielo la llevaría directamente hasta la estación de tren para tomar su vuelo hasta casa.

## «Alexei e Inesh»
### A 40 kilómetros de Moscú
### 55° 45' 20.974" N / 37° 37' 2.28" E

—Hagamos otra prueba. ¡Inesh, cuando quieras!—gritó animado Alexei Baskov.

---

[8] Tipo de representación de sinestesia musical.

Inesh Lazard, el físico indio, se había tenido que adaptar a un panel de mandos obsoleto. Esa fábrica había sido abandonada varias décadas atrás. Una estación eléctrica, basada en los cuadernos de Nikola Tesla, construida en las profundidades de un vasto bosque de Rusia, había sido desarrollada para reproducir uno de los inventos eléctricos más famosos de finales de siglo XX a un nivel muy secreto: la bobina de Tesla. Tras casi un año de mantenimiento y varias pruebas prometedoras, por fin estaban listos. A lo largo del gran hangar subterráneo había colocadas dos bobinas de gran tamaño. El reto era no llamar la atención en la superficie.

El objetivo de esa prueba era crear un campo electromagnético tan potente y estable que permitiera usarse como un escudo de defensa energético. Inesh presionó el botón rojo y todo comenzó. Las bobinas comenzaron a calentarse y emitieron látigos de electricidad. Inesh aumentó la carga y el experimento fue cambiando de fase progresivamente, hasta el momento en que apenas se veía el interior del hangar por los innumerables látigos que golpean la zona de pruebas.

Alexei, desde una de las pasarelas, visualizaba emocionado el avance del experimento. Como observador e investigador del fenómeno, sabía que no estaba en peligro. Decidió avanzar varios pasos para sentir esa carga eléctrica en su cuerpo, se quitó las gafas, estiró la mano con la esperanza de notar algún calambre, pero los látigos desaparecieron..

—¿Inesh, qué curre ahí arriba?—preguntó por su auricular— ¿Por qué el espectáculo ha desaparecido?

Los controles funcionaban correctamente. Su compañero tenía una corazonada de lo que podía haber sucedido, pero en esas condiciones no podía certificarlo.

—Aquí no hay ningún problema, aunque parezca lo contrario. Hazme un favor y sube arriba para comprobar si algo se ha visto afectado. Para quedarnos más tranquilos.

El gigante ruso salió por las escaleras de emergencia. No iba a arriesgarse a un posible fallo eléctrico usando el ascensor de servicio. Tras salir al exterior y respirar el aire invernal de la superficie, miró al cielo y se agarró a lo primero que encontró. O era un efecto óptico o el cielo se había transformado. Los agentes de seguridad no se habían percatado de su presencia. Avanzó varios metros para tener una perspectiva más clara. ¡Lo habían conseguido! El experimento había sido un éxito. Las torres eléctricas del exterior habían aumentado exponencialmente la capacidad de las bobinas y habían creado un resultado inesperado. Un enorme campo de energía cubría toda el área de las instalaciones.

—Inesh. ¡Buen trabajo! Ha funcionado—comunicó por el transmisor.

—En ese caso, consigue pruebas. Lo que acabamos de lograr no se consigue todos los días.

Tenía razón.

Sacó su móvil. Primero sacó unas fotografías y después hizo una grabación de video lo suficientemente larga para coger todo el complejo. El campo desapareció durante la grabación.

—Será suficiente—murmuró—. Tenemos lo que hemos venido hacer.

El móvil emitió una vibración y un mensaje apareció. El nombre de Rod salió en pantalla. Había intentado contactar con ellos días atrás. El ruso empezó a reírse de lo surrealista de la situación. Se dio cuenta de que habían estado aislados todo ese tiempo.

—Inesh—dijo por el transmisor—. Nos reclaman en casa. Recoge tus cosas, nos vamos.

## «Elizabeth y Otto»
### Puerto de Jacksonville, Florida
### 30° 19' 55.862" N / 81° 39' 20.343 O

—¡Por fin llegas!—exclamó Otto Warburg exhalando vapor.

El matemático esperaba desde la plataforma del muelle de carga vestido con una gabardina marrón y un chicle en la boca. Su compañera traía un pedido muy especial desde Japón de parte del señor Yamata. Le habían informado de un nuevo material conductor que lo cambiaría todo, capaz de acumular energía en su interior. Esa cualidad era muy interesante y les ayudaría mucho en el futuro.

Recibió un aviso de seguridad a través de sus gafas inteligentes. Sacó su tableta electrónica y comprobó la seguridad del perímetro. Accedió al registro de la cabina de seguridad del puerto y borró los datos del registro. El primer nivel de seguridad había sido traspasado, pero su equipo se encargaría de ello.

—Toca activar el nivel dos. De aquí no pasáis—murmuró y volvió a comprobar el buque—. ¡Animo Eli! No tenemos tiempo.

Varios sensores a lo largo del muelle le ofrecerían la ventaja táctica necesaria para salir tranquilamente de allí. Otto volvió a comprobar el barco. Su compañera y el cargamento estaban a punto de llegar. Su equipo de seguridad se preparó para extraer los tres contenedores que iban a su nombre. Elizabeth le saludaba desde la proa del barco, tan elegante y sutil como siempre.

El barco amarró y una grúa fue capturando cada contenedor y colocándolo en cada uno de los tráileres correspondientes. Otto abrió el primer contenedor y sólo encontró maletines, debían ser de materiales. Abrió el segundo, dentro encontró maletines más grandes y en la pared de la entrada encontró una placa con un dibujo grabado. Pasó la mano por encima y una luz se encendió en el interior. Sus pupilas se dilataron. Estaba contemplando una proyección de la futura silla del capitán⁹ para el nuevo laboratorio. Estaba impresionado. Elizabeth había llegado al puerto encima del tercer contenedor y, cuando la grúa terminó de colocarlo, acompañó a su amigo y compañero de faena.

—Créeme, funcionará. Lo he comprobado yo misma—Otto volvió a mirar los maletines—. Exacto—dijo ella—. Todo está ahí dentro. Pieza por pieza. Saludos del señor Yamata—sonrió su compañera.

Otto comprobó el tiempo que les quedaba.

—Espero que el viaje haya sido productivo—dijo Otto. Salió al exterior y analizó el tercer contenedor. Un detalle le llamo la atención. Una gran «T» se reflejaba en ella—. Veo que hay sorpresas.

—Ese no se puede abrir aquí. Tendrás que ser paciente, todo esto va a revolucionar el proyecto—Elizabeth comprobó su móvil—. Rod ha mandado un mensaje. Se alegrará mucho cuando vea todo.

Subieron a un coche y se dirigieron a la salida. Su tableta había empezado a marcar puntos rojos en el mapa del muelle.

—¿Problemas durante la espera?—preguntó ella quitándose los guantes que llevaba.

—Interceptamos transmisiones a mitad de camino. Algún equipo mercenario habrá tenido suerte y ha venido a cobrar el premio. Se ha solucionado, pero vendrán sus amigos. Pero no te preocupes por eso. Tienen una sorpresa esperándoles.

—Confió en ti. Lo sabes—respondió dándole un beso.

Varios gritos y disparos se escucharon en un sector del muelle. Otto comprobó la tableta. Había instalado un red de proyectores holográficos a lo largo del perímetro y sensores que enviaban una frecuencia específica al cerebro Los dos socios pudieron disfrutar por la pantalla de una batalla épica entre un escuadrón de varios soldados, donde uno de ellos caía al suelo con las manos en la cabeza y,

---

⁹ Referencia al capítulo «En alguna parte del planeta» de «La llave de la eternidad».

añadiendo el filtro del proyector, un espectáculo de monstruos, fruto de su propia imaginación. Los puntos rojos habían desaparecido.

—Todo arreglado. Cuéntame tu viaje. ¿Alguna anécdota interesante?

## «Sra. Miw»
### Monasterio de Tashilumpo, Shigatse, Tíbet
### 29° 15' 28.178" N / 88° 51' 52.598 E

El viaje le había llevado a las lejanas tierras de Oriente. Nunca había estado allí, pero algo le decía que su estancia sería breve. Sólo necesitaba llamar la atención. El análisis biométrico de la señora Miw indicaba que se encontraba en ese templo. Sabía por experiencia que esa mujer podía ser muy paciente, pero ella no sabía que él podía ser muy eficiente en su trabajo.

Rod había ido preparado.

Había llevado consigo un equipo portátil. Sabía perfectamente lo que iba a ocurrir durante los próximos minutos. También sabía que a nadie le iba a gustar lo que iba a hacer. Es más, era probable que estallara un conflicto político durante el proceso, pero en su defensa, nadie podría demostrar que hubiera estado allí.

Abrió el maletín.

Había conseguido miniaturizar el proyector holográfico y esa era una buena forma de ponerlo a prueba. Trianguló la señal entre su posición y el templo. Sincronizó su brazalete con el programa y accedió a los detalles de simulación que había preparado. El resto dependía del factor sorpresa.

Las ventanas de la habitación del edificio estabas ocultas bajo gruesas cortinas. Un grupo reducido de personas había solicitado específicamente tomar clases de meditación con esa maestra, pero estaban obligados a realizarlas mediantes videohologramas. El templo no permitía la entrada física de extranjeros y la señora Miw había sugerido ese método. Cinco personalidades se proyectaron en la sala con la seguridad de que sus identidades eran confidenciales. Cinco avatares personalizados.

La maestra inició la sesión.

Una música relajante inundó la habitación y se sincronizó con los dispositivos de sus invitados. Desde sus respectivos lugares, sus invitados tenían que ocultar cualquier rastro luz y encender varias velas para crear el ambiente estipulado. La clase estaba en pleno auge de concentración. Una voz femenina fue narrando frases cortas a lo largo de la clase.

Uno de los avatares empezó a distorsionarse.

Después otro. Y otro. La maestra se levantó y se acercó a la ventana. Intuía que alguien les vigilaba. Movió ligeramente una cortina y, a lo lejos, un objeto se acercaba velozmente. Las puertas de la habitación se abrieron y una joven aprendiz alertaba de un ataque. La maestra le hizo una señal con la mano y no le dio importancia. Por la ventana, varios misiles se acercaban al templo.

—No son de verdad, estate tranquila—dijo Miw.

Los misiles estaban a punto de impactar. La maestra dio por finalizada la sesión. Los avatares restantes desaparecieron. Abrió las ventanas de par en par. Entonces los misiles se autodestruyeron.

—Buen intento, señor Schiff. Pero no me va a engañar con trucos de ilusionistas.

Antes de poder darse la vuelta, al otro lado de la ventana, se materializó un avión militar cuya arma principal era un cañón electromagnético. Parecía bastante real.

Un mensaje apareció en los proyectores de los avatares de sus antiguos alumnos.

«Es hora de reunirse. No estoy para juegos y no me quedaré mucho tiempo. Las cosas han cambiado. Todos están avisados. Regresa lo antes posible».

En el exterior sonó una campana. Alguien había dado la voz de alarma. La señora Miw volvió a mirar por la ventana y el avión había desaparecido.

# 10

## Informe
## Febrero 2016

Aquellos cuadros le trajeron recuerdos.

Tras el descubrimiento de esas pinturas en el Castillo de Coral, tuvo la curiosidad de contactar con el joven artista del accidente, pero nunca había tenido la oportunidad de verlo en persona. La chica, por el contrario había sido un hallazgo sorprendente y la seguridad informática de una urbanización nunca había sido un problema, por muy prestigiosa que ésta fuera.

Paul, a pesar de su apariencia adulta, poseía la mente de un niño. Algunos de sus dibujos eran representaciones muy exactas de su lugar de origen, pero nunca había sabido de dónde sacaba la información. Ahora tenía cierta idea.

Halley, era un caso especial. Había seguido muy de cerca el trabajo científico del doctor Ezequiel Jamil. Daniel había podido contactar con ella indirectamente, mediante la hipnomedia, gracias al aparato de música electrónico que usaba Ezequiel para interferir de alguna forma en su cerebro. Después, tras el traslado a Sudáfrica, un día despertó iniciando una rutina diaria de dibujar en un cuaderno todo tipo de ilustraciones.

Los dos hermanos poseían la misma habilidad: reflejaban sus recuerdos artísticamente a través del dibujo. Paul, por el evento de 1960; y Halley, por ser hija indirecta (del clon) de Stuart Manfree.

Durante tres años (desde 2013), Astratech había quedado blindada.

Hoy, desde su escondite, Daniel podía navegar por los servidores de Astratech, la gran empresa privada de tecnología. La esfera metálica que dejó con disimulo había hecho su trabajo y consiguió acceso remoto a la mayor parte de su información.

En la pantalla grande de su laboratorio aparecieron cuatro imágenes. Cuatro rostros escondidos tras sus avatares. Siempre puntuales.

—Buenas tardes, Daniel—dijo una voz femenina.

El avatar no daba detalles de su fisiología, sólo era un monigote negro en la pantalla, pero debajo de la imagen había un alias: «Sra. Figueroa».

Cada avatar iba acompañado de un rectángulo con información: Una pequeña garantía de seguridad para saber quién era quién. En ese momento experimentó un pequeño temblor en la mano. Daniel fue al grano

—¿En qué les puedo servir?

—¿Ha averiguado que función tiene el clon de Stuart Manfree para los planes de Industrias Astratech?

Esa era la pregunta de la década. Sólo sabían que Ezequiel le usaba para estudiar su cerebro, pero aparte de eso, nada concluyente. Además, ese expediente era de los pocos restringidos a los que no podía acceder.

—Nada, seguimos a ciegas. Igual que en Florida.

Uno de los avatares se dio cuenta de su mano.

—Daniel, ¿seguro que no necesitas nada?—Su recuadro indicaba: «Mr. Jessup», su jefe siempre le tuteaba—. Sabe que puede pedir lo que quiera. Se lo debemos.

Daniel se concentró y respiró suavemente.

—Creo que me están volviendo los síntomas. Una cosa es detenerlo varias décadas, pero todos sabemos que he excedido a mi suerte. Necesito la maldita fórmula del doctor Ezequiel Jamil que retrasa el envejecimiento. Yo no dispongo de ese conocimiento

Un tercer avatar habló, su recuadro indicaba: «Mr. Gibson».

—Llevamos una década intentando infiltrarnos en sus laboratorios pero sin resultados. Por lo que sabemos, usa una especie de suero de la verdad en sus entrevistas para evitar posibles espías y eso dificulta nuestra labor.

—Y yo no he sido capaz de entrar en sus sistemas privados—Daniel golpeó la mesa—. Los laboratorios usan el mismo cortafuegos que la empresa madre, Astratech.

Un avatar no medió en el encuentro, El nombre que indicaba su recuadro era: «Sr. L.R.». Nunca le había oído hablar.

—En la agencia de proyectos avanzados acaban de probar el prototipo de enlace neuronal que nos explicaste en su día—dijo la señora Figueroa—, de momento, parece un éxito.

Eso le recordó la copia digital que había encontrado del libro, incompleta por supuesto, pero servible. Desde otra parte de la habitación, escondida de la pantalla de la videoconferencia, un dispositivo proyectaba las páginas de un diario lleno de imágenes. La mitad de sus propios diseños estaban allí, pero llegaba varias décadas tarde.

—¿Alguna nueva noticia sobre la investigación interna de Industrias Astratech?—Necesitaba respuestas.

—El caso se ha archivado—dijo el tercero—, los culpables están oficialmente muertos, y los videos son circunstanciales.

Ese brazo prostético no era circunstancial. Era uno de los diseños del libro. La robótica no estuvo tan avanzada años atrás.

El jefe habló.

—¿Qué te inquieta Daniel?—preguntó el señor Jessup

Miró su muñeca y recordó un asunto.

—¿Algún avance sobre mi pulsera? Digo yo que, en esta década, algún fabricante lo habrá conseguido.

—Sí—respondió—, encontramos un material muy raro que acumula energía, lo llaman Carbino. Esperamos dárselo en la siguiente reunión. Hasta entonces, tendrá que esperar. Debe entender, que hasta ahora, su diseño se escapaba a nuestro entendimiento.

Su mano volvió a temblar. Y la sensación que experimentó en Astratech volvió a recorrer su cuerpo.

—¡Lo tienen! ¡Estoy seguro!—dijo una y otra vez llevándose la mano a la cabeza y dando vueltas por su laboratorio. Activó un mando a distancia de la mesa y las imágenes del diario se proyectaron en el centro de la habitación—. Y todo el tiempo ha estado con ellos. ¡Eso lo explica todo! ¿Entienden lo que eso significa?—Los rostros codificados reflexionaban en la pantalla grande. Página a página, todos visualizaron las pocas secciones del libro que Daniel había conseguido piratear de Astratech—. Su gran expansión se debe a ese conocimiento. ¡Mi libro está en su poder!

—Por el momento, no podemos hacer nada más. Has hecho un buen trabajo colando ese transmisor en sus dominios. Ahora podremos reunir información y desarrollar una estrategia. A partir de ahora, tenemos que ir con mucho cuidado y prestar mucha atención. Seguiremos en contacto, Daniel. Ten un poco más de paciencia. Lograremos controlar tu problema

La conexión se cerró.

Habían pasado setenta años desde aquel acontecimiento. Su aspecto no era el de antes. Oficialmente lo llamaban trastorno IFF, pero su caso era especial[10]. Nadie podía tratarlo. Se sentía débil, aunque no lo aparentara. Daniel se quitó el jersey y dejó al descubierto el tatuaje que recorría desde su cuello hasta la espalda. Líneas ligeramente curvilíneas que se conectaban entre si. Todavía sentía pequeños residuos de la corriente eléctrica. Ahí abajo, en alguna habitación secreta, estaba su legado. Pero no podía hacer nada. Y esa estatua en la plaza, sin ninguna duda, era su amigo Nikola Tesla.

---

[10] Insomnio familiar fatal. Un enigma de la medicina.

# 11

## Patrick
## Marzo 2016

En su día se mostró reticente. No estaba acostumbrado a ese mundo geek[11] y debía dar un salto de gigante si quería adaptarse.

Dick Thompson, después de que Stuart Manfree le destrozarse la pierna en el laboratorio de la agencia con ese disparo, tomó la decisión de retirarse a la asesoría militar. Recibió muchas ofertas para ponerse piernas protéticas, y una vez jubilado, aprovechó la oportunidad. Sería un nuevo reto asesorar a las nuevas generaciones y observar su progreso. Su compañero de armas, Sam Beckson, tras mostrar su visión estratega y como jefe científico de la agencia, aceptó entrenar a los nuevos reclutas en el campo de la realidad virtual. La agencia llevaba años desarrollando un programa de entrenamiento virtual y había llegado el día de ponerlo en práctica.

Max Sheppard, Agatha Sinner y Patrick Stevens se habían unido al equipo táctico de Sam. Las sesiones de entrenamiento resultaron ser dinámicas y ponían a prueba sus reflejos.

D.A.R.P.A. había reformado y adaptado varios edificios de entrenamiento con sensores y proyectores tridimensionales para crear escenarios simulados. A través de unas gafas tácticas de realidad virtual debían completar los objetivos de cada misión.

Sector a sector, pasillo tras pasillo, enemigos virtuales PNJ[12] les franqueaban y su objetivo era derribarles y anularlos. Las armas eran simples reproducciones con una mirilla laser para realizar el disparo, no

---

[11] Persona fascinada por la tecnología y la informática.
[12] Personaje no jugable, controlado por el propio videojuego.

necesitaban más. Sam había impuesto tiempos límites dependiendo de la categoría de la misión. En una de las misiones, debían rescatar de un piso treinta a un joven visionario cuyas patentes revolucionarían la industria. Los ascensores sólo llegaban hasta el piso veinte y sólo ciertas paredes y secciones eran modificables. Todo un reto.

El equipo se desplegó.

Mientras el equipo táctico se encargaba de los mercenarios, Sheppard, desde su visor, obtenía información de los elementos de la habitación para acortar el recorrido y llegar cuanto antes al punto seleccionado. Encontró un elevador de carga secreto tras una pared. Apuntaron con las armas y la sección desapareció.

Patrick entró el primero. Tomó aire y mantuvo la compostura. El entrenamiento daba sus frutos. Sam lo llamaba: «el futuro de los entrenamientos». Edificios reformados y gafas de realidad virtual para simular cualquier tipo de situación contra cualquier tipo de enemigo.

Tras los acontecimientos de 2013, Patrick intentó volver a la rutina diaria: entrevistas, exposiciones, inauguraciones, algún evento importante... Pero siempre le venían a la mente esas imágenes llenas de adrenalina. Las persecuciones, la carretera, la tecnología vanguardista y el interior de la agencia de proyectos más avanzada del país, además de llevar una relación a distancia con la hija de una personalidad que daba charlas alrededor del mundo.

Su jefe, el señor Brock, le notaba distraído. Tuvo la iniciativa de contactar con Dick Beckson, su contacto más cercano, y le recomendó hacer unas pruebas de entrenamiento con la agencia. Tras varios meses de pruebas, George le obligó a tomarse un año sabático.

Max Sheppard alertó al grupo. Habían llegado al punto de encuentro. A través del visor podían distinguir una silueta que estaba al fondo de la habitación. Todavía les quedaba tiempo.

—Prepararos para el siguiente nivel—alertó Sam sin previo aviso.

La imagen del campo de batalla cambió al ático del edificio. Todos se vieron transportados al balcón y allí estaba su objetivo. Max le tocó el hombro y, automáticamente, el personaje PNJ sonrió y desapareció.

Desde la oficina de control, Sam sacó un mando a distancia y del suelo del edificio surgió un sistema de ventiladores que emitían corrientes de aire de gran presión.

—Vigilad la altitud y tirar de la correa—gritó— ¡A la de tres!

Uno a uno, todos los soldados saltaron al vacío. La experiencia fue única. Parecía real. Caían desde un piso treinta. Apareció un indicador y la fuerza del aire aumentó. Patrick tiró de la correa y aterrizó en la base de una plataforma. El entrenamiento había terminado.

—¡Felicidades a todos! Habéis batido el record de este nivel. Buen ojo, Sheppard—Felicitó Sam y el equipo de la oficina—. Daos una ducha y nos vemos en el próximo entrenamiento.

# 12

**Redes**
**Marzo 2016**

Última hora de la tarde.

Los pasillos de D.A.R.P.A. comenzaban a vaciarse. El fantasma de la agencia caminó hasta el lugar más estratégico como mejor sabía, aprovechando los puntos ciegos. La ventaja de trabajar para el gobierno residía en los pases de seguridad. Gracias al sistema cibernético que Jim le había instalado, seguir una línea roja era cosa de niños. El programa le avisaba de la posición de las cámaras de vigilancia. Comprobó que no había nadie alrededor y entró en la habitación.

Varios sensores de luz se encendieron. Cerró la puerta con suavidad y se sentó en la mesa del servidor dispuesto a introducir un pendrive en el ordenador para iniciar su misión.

—Bien, pequeño—murmuró Jack mientras accedía al sistema—, necesito que me des un poco de información.

Sacó un cable de su bolsillo.

Una de las particularidades del implante de su cuello era un pequeño punto de acceso que le proporcionaba una conexión más privada y le permitía, mediante dicho cable, conectarse directamente con el ordenador. Respiró hondo y se relajó. Un mensaje de bienvenida a la realidad virtual apareció en su sistema. Lentamente, su mente accedió a la red.

«Una ciudad formada por cubos y luces verdes se materializó ante él. Toda la información de la Agencia de Proyectos de Investigaciones Avanzadas de Defensa de los Estados Unidos estaba a su alcance.

Estaba dentro de la matriz. Navegó por la autopista de la información y buscó entre las calles. Localizó la sección que buscaba. Una carpeta se materializó y se desplegaron dos expedientes».

—Bien chicos, necesito que me echéis un cable. Vuestra colaboración será de vital importancia—Buscó la información personal—. Os lo agradeceré en el futuro. Lo prometo.

Tenía pensadas las diferentes estrategia a seguir, pero no tenía tan clara las repuestas. Empezaría paso a paso.

Realizó la primera conexión.

«Tokio»

La luna se mostró en el cielo y ofreció a los turistas una iluminación especial. Alex dejó el móvil en la mesa de noche y se acercó a la ventana. Llevaba varias semanas en esa ciudad y cada día descubría algo nuevo de esa cultura milenaria. Se acomodó el albornoz y abrió la ventana. Cerró los ojos e intentó relajarse.

Un sonido familiar rompió la concentración. La musiquilla resonó en la mesa de la habitación. Pasó por encima de la cama y la pantalla de su móvil señalaba que había un SMS con número oculto. Suspiró y se tumbó en la cama mirando al techo. El móvil sonó por tercera vez.

—¿Quién manda SMS hoy en día?—preguntó confusa.

Esa vez, apareció un número muy largo. Decidió leerlo y rezó porque fuera una broma

—No me conoces pero yo a ti sí—decía el mensaje.

Alex decidió apagar el móvil y lo guardó en el cajón. Sin darle tiempo a pensar en otra cosa, el móvil sonó otra vez. Abrió el cajón y descubrió que se había encendido sólo.

—Pero si lo he apagado—murmuró.

Había otro mensaje.

—Tenemos a una persona en común—decía el texto—. Alguien familiar—Alex dudó—. Y no hay cámaras en tu habitación, no te preocupes—Alex se subió a la cama y comprobó el techo. No vio nada sospechoso—. Se lo que ocurrió en 2013—Alex leyó el mensaje y pensó en posibles opciones—. Te agradezco que cuidaras de Patrick— Una foto familiar llegó al móvil. De la emoción, Alex se llevó la mano a la boca—. Necesito tu ayuda—decía el mensaje—. Enciende tu portátil.

Entendió quién era. Siguió las órdenes y encontró un correo nuevo. El mensaje incluía una serie de dígitos.

«Necesito que realices una misión para mí. Será fácil. Sé que estás en Tokio. Te envió las coordenadas donde la Corporación Yamata tiene un almacén de servidores en el que guarda copias de sus investigaciones. Necesito que coloques un pendrive de conexión wifi en uno de ellos. Seguro que tienes alguno de la convección. No te preocupes por nada, yo te iré indicando».

Alex salió del hotel donde se alojaba y recorrió las calles hasta llegar a un callejón abandonado. Las indicaciones continuaron llegando a través del móvil. Una puerta fue su primer obstáculo.

«Abre la puerta y sigue el pasillo hasta otra puerta roja».

Para su sorpresa, estaba abierta. Varios armarios de cristal con estanterías de dispositivos iluminados le daban la bienvenida.

«Ahora abre el armario número tres, busca la sexta fila e introduce el pendrive para que el programa haga el resto».

—¿En serio estoy haciendo todo esto?—murmuró para sí misma.

Siguió las instrucciones y un pequeño led se encendió. El puerto estaba operativo.

«Misión cumplida. Te agradezco la ayuda».

## « Instituto Tecnológico de Massachusetts, M.I.T.»

Debajo del pasillo principal del Instituto Tecnológico más famoso de Estados Unidos, las mejores mentes continuaban trabajando a pesar de que la noche se les había echado encima. El joven doctor John Campbell terminaba su visita por la que una vez fuera su casa.

—¡Qué recuerdos!—murmuró caminando por el pasillo de los laboratorios.

Llegó a su antiguo laboratorio y se lo encontró vacío, pero un sonido llamó su atención. Buscó su localización y a través de una ventana encontró un antiguo fax. Era la habitación del ordenador, el despacho de su antiguo jefe. Se acercó más a la ventana y descubrió que el aparato había impreso un documento.

—Alguien me estará gastando una broma de bienvenida—respondió John dibujando una sonrisa—. Esta familia nunca cambiará.

Sorprendido, fue hasta la puerta un tanto escéptico. La llave no estaba echada. Comprobó que no había nadie cerca del laboratorio y abrió la puerta sin problemas.

«Mensaje para el doctor John Campbell, departamento de física teórica del M.I.T.».

—Lo que yo pensaba—Dejó el folio en la bandeja—. Sólo es una broma.

Una segunda página con otro mensaje apareció por la bandeja del fax.

«No me conoces, pero yo a ti sí. Necesito tu ayuda».

John Campbell salió por la puerta de la habitación. Un tercer mensaje apareció en la bandeja.

«Maldito cobarde huidizo, ¡no te largues ahora!».

John trató de llegar a una deducción lógica. Recordó la intrusión ilegal que realizó en 2013. Lo más obvio era que alguien lo conociera y le intentara chantajear, pero habían pasado tres años. ¡No tenía sentido!

Y además ¿Quién necesitaría su ayuda? Patrick estaba en D.A.R.P.A. y Alex viajando con su padre.

El pasillo seguía estando vacío. No tenía nada que perder. El fax volvió a funcionar.

—¿Otro mensaje? ¡Entonces va en serio!

«No se asuste señor Campbell, soy un amigo de Patrick. Más bien, alguien cercano».

—¡Demuéstralo!—respondió John.

«Encienda el ordenador y se lo demostraré».

En el monitor apareció el video de seguridad del despacho de 2013.

«Si quiere, puedo filtrar este video. También conozco su agenda».

—¡Esto es chantaje!—Se defendió viendo en primer plano cada segundo de la incursión en el sistema secreto del ordenador y la extracción de los archivos en un pendrive[13].

John se apoyó en la mesa y casi se cayó de la silla. Otra página apareció en la bandeja, pero esta vez el micrófono del ordenador se activó.

«Bienvenido al espionaje corporativo, señor Campbell. Ahora necesito que no toque nada. Ya me ha ayudado suficiente».

El desconocido infiltrado navegó por varias carpetas del sistema. John fue testigo de cómo una mano invisible accedía al sistema externamente y se infiltraba a sus anchas en un ordenador federal. Aparecieron varios archivos con el sello de Industrias Astratech. John recordó ese nombre. Tenía cierta idea de quién era su invitado. Una barra de progreso fue el golpe final. La transferencia de archivos se completó y todas las ventanas se cerraron. La pantalla se volvió oscura y el logotipo de una cara le sonrió.

«Muchas gracias, señor Campbell. No se preocupe por el video. Lo he borrado del sistema. Su cooperación era de extrema necesidad. Creo

---

[13] Referencia al capítulo «M.I.T. Lab» de «La llave de la eternidad».

que lo entiende».

El último mensaje apagó el ordenador y la luz de la habitación parpadeó.

John se recostó en el sillón y se masajeó la sien.

—Acabo de ayudar a un pirata informático a extraer documentos clasificados de mi exjefe—respiró hondo y expiró—. Y lo más gracioso es que los fantasmas sí que existen.

# 13

**Viejas amistades**
**D.A.R.P.A.**
**Marzo 2016**

Caminando por los pasillos, el agente Jim Mason reflexionaba cómo contarle a la nueva directora los datos de la nueva misión. Todos los informes y grabaciones estaban a su disposición. Habían logrado acceder a otra sección del pendrive que Nikola Tesla le había entregado a Patrick y habían encontrado la lista de proveedores de Industrias Astratech. Deseaban comprobar la más grande, pero para ello había que viajar hasta el otro lado del mundo.

La puerta del despacho estaba entreabierta. Jim golpeo la puerta y entró.

—Buenos días, directora Gates[14]. ¿Qué tal el regreso? Se la echaba de menos. En cuatro años ocurren muchas cosas.

—Jim, te tengo dicho que me llames Sarah. Sin formalismos.

Jim cambió de cara y le entregó una tableta con un documento preparado. La directora le miró confusa.

—Como sabrás, un año después de que te fueras, obtuvimos información de gran relevancia y hoy hemos descubierto al mayor proveedor de Industrias Astratech en una lista de ese pendrive, pero se encuentra en Japón, y en varias semanas acudirá como principal anfitrión a la feria de tecnología a la que D.A.R.P.A. acude eventualmente.

Sarah Gates conocía la pregunta. Cogió un lapicero táctil y firmó el documento.

---

[14] Guiño al capítulo uno.

—Tienes mi permiso, pero ve con cuidado Jim. Puede ser una trampa para que cometamos un error y puedan echárnoslo en cara. A la vuelta me encantará saber lo que descubráis allí. Y dime, ¿quién nos representará en la feria?—mantuvo la mirada— ¿Y quién irá extraoficialmente?

Jim se pasó la mano por su perilla y meditó sus palabras.

—Había pensado en llevar a nuestro director científico, Sam, para guardar las apariencias. De momento tenemos un acuerdo de buenas relaciones con Roderick Schiff. Y por el otro lado, había pensado en un círculo de confianza.

Sarah le miró a los ojos y sonrió.

—Es decir, tu equipo. ¿Qué tal van los entrenamientos con la realidad virtual? No he oído quejas.

—Se adaptan rápidamente y parece que funciona perfectamente. La realidad virtual ahorra bastantes recursos, eso hay que admitirlo.

—Después de ver los nuevos presupuestos…—miró el calendario—. Quería oír algo así—miró una pequeña reproducción de la máquina de tiempo que tenía en la mesa— ¿Sabes qué fecha es?

—Aún hay tiempo—Jim sabía que se refería a la futura aparición de Nikola Tesla—. No se preocupe.

Jim salió del despacho y se dirigió a la oficina de análisis. Estableció un canal de comunicaciones con Maximillian Sheppard con la esperanza de hablar con él sobre la nueva misión. Su imagen apareció en pantalla.

—Max, prepare a su equipo para la primera misión. Hemos descubierto los almacenes de la Corporación Yamata. La directora ha dado luz verde a la misión.

Sheppard reflexionó he hizo la pregunta.

—Deduzco que es una misión encubierta. ¿Cómo cruzaremos el charco sin llamar la atención? Hablamos del país más tecnológico del mundo.

Jim se alegraba de tenerle en el equipo.

—Para eso hable con Thomas. Creo que ha convertido el sistema portátil de la máquina en algo más práctico sin la función del viaje en el tiempo.

Cerró la comunicación.

Sam sería el enlace oficial en la feria. Jim se dio cuenta de que la misión era una buena oportunidad para probar las nuevas habilidades de Jack.

Abrió otra ventana de comunicación.

—Jack, allá donde estés, presta mucha atención. Tu hijo irá con Sheppard y Agatha Sinner a un reconocimiento en Japón. Tenemos autorización….

—Debería ir con ellos—respondió cortándole—. Tengo más experiencia—respondió el fantasma.

—Tú irás con Sam en calidad de seguridad privada a la feria de tecnología que se celebrará en breve. Vamos a usarte como ordenador portátil para analizar a fondo esa feria e intentar descubrir información: nombres, alias, proyectos… que posiblemente aparezcan en el pendrive.

—Entiendo. Sería gracioso hacer de niñera y que de repente me aparezcan mensajes de aviso en el ojo—Faltaba un dato en ese reporte—. ¿Y cómo se supone que vamos a ir?

—Iremos a Jacksonville para tomar un transporte especial[15] de la N.A.S.A. que nos llevará a Japón. Ya que es una visita oficial de empresa, deberán hacer acto de presencia. En veinticuatro horas deberían llegar a su destino. A partir de ahí, seguirán las coordenadas.

---

[15] Serie de aeronaves experimentales estadounidenses llamados «Aviones X».

# 14

**Feria de Tecnología**
**Tokyo Big Sight, Japón**
**Marzo 2016**

Diez minutos después del aterrizaje, un coche oficial les dejaba en las puertas del Centro de Exposición Internacional de Tokio[16]. Jack hizo uso de su implante e intentó obtener varias frases en japonés por si la situación lo necesitaba.

—Prueba a visualizar el mapa—le susurró Sam al mismo tiempo que contempla su medio de transporte.

Jack pensó el nombre del edificio y un mapa tridimensional se visualizó en su ojo. Cada planta estaba etiquetada con su función y una lista de nombres estaba representada por avatares con su respectiva información y posibles relaciones comerciales.

Varios nombres le pusieron alerta.

—Tenemos compañía—susurró Jack.

Tomaron el ascensor más cercano. Jack intentó omitir la mayor parte de la información que le llegaba de la gente pero la falta de experiencia le traicionó. Apartó todo lo referente a la vida social e informes técnicos empezaron a florecer.

Las puertas de la gran sala se abrieron y, sin previo aviso, Sam se inclinó hacia la derecha. El ojo de Jack le alertó de un objeto volador e inmediatamente estiró el brazo para capturar, para su sorpresa, un pequeño dron. Su cámara le enfocó directamente y una voz le pidió que lo soltara. Allí, a pocos metros, un adolescente señalaba con unos guantes que dejará volar el aparato. Jack no buscaba problemas y cedió

---

[16] Tokyo Big Sight, Centro de Exposición abierto en 1996.

amablemente. El dron siguió su camino mientras el adolescente lo maniobraba con las manos sin ningún control remoto.

—Parece que vas a tener mucho trabajo de gestión—bromeó Sam observando como una agencia de viajes promocionaba sus ofertas con representaciones holográficas—, y además nos vendría muy bien este tipo de tecnología.

—Espera—Jack recibió un mensaje de alerta—, estoy recibiendo la señal de una transmisión.

En el aire, varios drones se alinearon y proyectaron la imagen de una persona a escala real, se dieron cuenta de que era el presidente de la corporación Yamata. Jack tradujo el mensaje en japonés donde anunciaba el futuro de las telecomunicaciones mediáticas. Todo el mundo recorrió el pasillo central hasta un expositorio. El mensaje desapareció y los tres drones se realinearon para proyectar a tres personas. Dos de ellas acompañaban al promotor del evento. Una mujer asiática y un viejo conocido

—Ahí tenemos la prueba definitiva—anunció Sam—. La alianza de Astratech con el mercado asiático—La resolución de la imagen era de gran calidad y no había interrupciones—. ¿Qué me puedes decir de su acompañante?

Inconscientemente, Jack accedió a los archivos de 2013 y visualizó el video por satélite del fallido intercambio cerca del puente. Sam se dio cuenta y chasqueó los dedos a cinco centímetros de su cara. Jack reaccionó y se centró en analizar a la mujer.

—«Xiaomi Xiaolian»: Asesora de telecomunicaciones del banco popular de China. Su madre es la presidenta en funciones. Posee un doctorado en arquitectura de redes de información. Es lógico que este con Roderick Schiff. Es el mayor experto a día de hoy, teniendo en cuenta su currículum.

El señor Jayden Yamata se adelantó hacía el público.

—Haz realidad cualquier idea de tu mente—pronunció en voz

alta—. Imagina cualquier entorno simulado, paisajes e incluso videojuegos. La corporación Yamata promete esto y mucho más. Viajes virtuales en tiempo real—Señalando el expositorio de la entrada—, conciertos musicales masivos—A otro lado de la planta, varios drones proyectaron una famosa banda musical japonesa—, juegos recreativos en alta definición—Varios aviones recorrieron el techo y uno de ellos aterrizó en un recinto. Varias personas se acercaron para intentar experimentar su tacto—. Casi podrás tocarlo... Y hasta sentirlo—Sam se acercó. Necesitaba probar aquello. Al intentar tocar el aparato notó un leve cosquilleo en la palma de la mano—. ¡Señoras y señores! La corporación Yamata tiene el honor de anunciar la futura apertura del primer centro recreativo holográfico del mundo en menos de lo que se esperan, esto es sólo una mera muestra de lo que podemos ofrecerles—terminó de decir Jayden Yamata.

La multitud aplaudió plausivamente.

Jack se llevó la mano a la cabeza, estaba a punto de sufrir un colapso digital.

Le llegaban infinidad de informes de materiales y distribuidores. La información del pendrive se había enlazado con una base de datos externa y Jack estaba sufriendo las consecuencias. Sam buscó alternativas. La gente estaba demasiado entretenida para reparar en dos extranjeros. Agarró a Jack y se acercaron al ascensor.

Una llamada de Sheppard avivó la alerta.

# 15

## Misión

La fase de teletransporte finalizó.

Max Sheppard y su equipo se materializaron dentro de una burbuja electromagnética a varias manzanas de la mayor corporación tecnológica de Japón. Una larga fila de carteles proyectaba imágenes anunciando los productos y servicios de muchas empresas. El anuncio de una empresa ofreciendo la comercialización de órganos artificiales a precios privilegiados les llamó la atención

Patrick se estaba acostumbrado a la vida de agente. Había pasado de redactar artículos para el periódico a vivirlos en primera persona. La parte positiva era que siempre había querido ser espía, como en las películas y los comics; la parte negativa, era la realidad con la que se vivía ese mundo. El tiempo pasaba muy deprisa. Demasiado.

El comunicador emitió un pitido.

—Pasando a modo automático—ordenó Sheppard ajustándose las gafas tácticas.

Las lentes de cada usuario cambiaron de tonalidad y observaron, de manera virtual, el escenario topográfico del lugar.

—El punto rojo que veis en el mapa es uno de los accesos al almacén, su interior está dividido en varios sectores. El recorrido que se está dibujando es la ruta que tomaremos. Accederemos por el edificio que está al lado de nuestro objetivo y llegaremos por la galería subterránea que esconde el piso inferior. El sistema nos irá guiando.

El mapa señaló la existencia de una única planta llena de máquinas industriales. El recorrido atravesaba una pared bloqueada por una lavadora de gran tamaño. Patrick observó el suelo y descubrió marcas de deslizamiento, le hizo una señal a Max y juntos movilizaron el aparato. Tras la pared descubrieron un acceso secreto.

—Menudo pasadizo secreto—comentó Sheppard mirando las escaleras—¿Quién habrá diseñado esto?

No había luz, activaron el modo nocturno de las lentes Descendieron por los peldaños pero se vieron obligados a detenerse. El camino estaba cortado. Buscó en su bolsillo y sacó un pequeño artefacto, lo presionó contra la pared y le salieron tres patas metálicas que se clavaron en el cemento, la activó y se retiraron varios metros. El resultado fue sorprendente. La reacción implosionó creando un enorme agujero limpio en la pared.

Al acceder al interior, una luz les cegó momentáneamente.

—Alguien no quiere que estemos aquí—señalo Patrick.

—Demasiadas molestias para un edificio abandonado—Señaló Sheppard.

Avanzaron por la habitación y descubrieron dos entradas.

—Ordenador, mapa de la localización.

En pantalla, observaron que las dos puertas se bifurcaban a dos zonas diferentes del nivel pero se juntaban mediante otro pasillo al fondo del edificio.

—Bien, yo iré por la izquierda y vosotros por la derecha—ordenó Sheppard—. Entremos en la boca del lobo.

Ambos pasillos serpenteaban. Las luces parpadeaban. En los monitores observan resplandores de luz.

—He localizado mi objetivo—informo Sheppard—. Parece un almacén normal y corriente—investigó un poco más, no habló durante varios segundos—, pero con todo lo visto, no me fio.

Patrick alcanzó su puerta y buscó un interruptor, una luz translucida empezó a inundar una gran habitación.

Agatha Sinner avanzó y buscó puntos ciegos y posibles trampas. Al fondo de la habitación, había varios contenedores con forma ovalada.

En la pared había monitores conectados mediante cables a los contenedores donde se mostraban datos. Ambos se acercaron más y observaron a que se debía tanta seguridad y por qué aquello estaba también oculto. Agatha se a la superficie de un contenedor y su cara de asombro lo dijo todo.

—Órganos humanos—murmuró Agatha—. ¡Ordenador, sincronízate con los monitores!—ordenó al sistema informático de las gafas.

Una barra de proceso apareció en las lentes de cada usuario. El análisis inicial indicaba que no eran biológicamente naturales. Los materiales de los que están fabricados eran artificiales.

—Nanotubos de carbono, eso es bioingeniería. Fibras musculares artificiales. El líquido que le rodea tiene una composición similar al líquido amniótico de un feto.

—¿Quién posee la tecnología necesaria para desarrollarla?

—Varias empresas de biotecnología del planeta. Podría ser cualquiera.

Por su parte, Sheppard accedió a una habitación llena de estanterías y encontró una colección de maletines metálicos. Abrió uno de ellos y para su sorpresa sólo contenía material quirúrgico. Localizó un maletín más grande, buscó los cierres y, al abrirse la compuerta, tuvo que aguantar las náuseas. El interior estaba lleno de envases con restos de órganos humanos descompuestos..

—¡Chicos, aquí Sheppard!—respondiendo por el micrófono—. No os vais a creer lo que he encontrado.

Sus compañeros volvieron a mirar los contenedores e irónicamente respondieron: «Sorpréndenos».

Sheppard abrió el resto de maletines: mercancías con sello extranjero, repuestos mecánicos, equipo informático, botes de líquido rosáceo y productos con caracteres asiáticos. Las lentes de las gafas le dieron más información.

—Hay mucho material referente a biotecnología, incluso prototipos de órganos fallidos. Según el ordenador pertenecen a varios robos acontecidos meses atrás. Parece que todos los sucesos tienen este sitio como punto en común.

Durante la inspección encontraron la basura y un laboratorio.

—Pues aquí tenemos el producto final—respondió la agente Agatha Sinner—. ¡Busca la puerta y llega hasta nosotros! Te esperamos.

Dicho y hecho, avanzó por la habitación siguiendo la ruta que le marcaba el visor. Un viejo poster ocultaba el pasadizo en la pared. Lo arrancó con suavidad y encontró un interruptor giratorio. Sus compañeros esperaban a diez metros de él.

Sheppard observó los tanques y los monitores. Esos órganos estaban vivos. Alguien los había abandonado allí por algún motivo.

—Avisaremos a Sam—Estableció un canal de comunicaciones— Aquí Sheppard. Sam, ¿me oyes?

—¡Ahora es buen momento!—respondió enérgicamente—. Creemos que nos han descubierto, pero no sabemos cómo.

Ese mensaje les puso en alerta. Sheppard actuó rápido.

—Estoy triangulando vuestra posición. Será mejor que busquéis un área espaciosa para un rescate de emergencia—Max sacó varios tubos extensibles de color negro del chaleco y los colocó alrededor formando un cuadrado perfecto—. Esperaremos la señal.

Sam buscó el ascensor más cercano. No había nadie alrededor. Jack zigzagueaba un poco mareado tratando de ordenar toda la información que recibía en su mente.

—¡Ánimo, Jack! Has pasado por cosas peores.

—¡Nadie me avisó de esto!—Jack le dirigió una mirada de advertencia—. Una cosa es recibir información y otra muy distinta, recibir toda una base de datos al momento sin entrenamiento.

—Ese será un dato a tener en cuenta cuando regresemos. Cómo bien recordaras, te dijimos que este sistema era un prototipo. ¡Así que se un hombre y resiste al último piso!. No hay que dejar testigos. Tu hijo nos recogerá ahora.

¿Patrick? ¿Qué hacía allí? Su primera misión encubierta. Ahora entendía la simpleza de la misión de seguridad privada.

Llegaron a un pasillo que conducía a la azotea. Jack se sentía más estable. De alguna manera había conseguido relajar su mente. El logotipo de un documento le llamó la atención. Lo había visto en alguna parte.

—¡Listos! Haz tu magia—ordenó Sam—. Esto va a ser extraño.

El equipo de Sheppard apareció cerca de la puerta de servicio. En la azotea, Sam y el fantasma les esperaban. Max amplió la longitud de los tubos para que pudieran entrar todos.

Patrick vio a su padre. Habían coincidido varias veces desde el evento. Al principio fue raro: Patrick le enseñó la ciudad y Jack le dio clases de tiro.

—¡Nos vamos!—anunció Sheppard.

Una luz les envolvió en una burbuja y desaparecieron.

# 16

**Terapia**
**Centro de investigación, Chile**
**Marzo 2016**

Daniel se quitó las gafas de realidad virtual.

Había excedido el tiempo y su suerte. El monitor del laboratorio emitía las últimas imágenes de la operación. El plan se había iniciado bien:

«Seguir a D.A.R.P.A. hasta Japón y vigilar a Jack Evans para obtener posibles documentos clasificados de la Corporación Yamata. El dron de ese niño fue una baza inesperada, perfecto para vigilar sin ser descubierto, pero las excesivas frecuencias de la feria tecnológica provocaron que el aparato se volviera loco viéndose obligado a reiniciarlo. La filtración de datos en el implante de Jack había sido culpa suya, pero no había salido tan mal parado después de todo».

Había obtenido lo que buscaba. La localización exacta de esa transmisión pública y de entretenimiento.

Recibió un mensaje de alerta, alguien quería conectarse. No tenía a nadie en la agenda y sólo una persona sabía lo que había hecho. El avatar de su jefe se mostró en pantalla y un rectángulo reproducía la frecuencia de su voz.

—Hola Daniel, espero recibir buenas noticias—El avatar dibujó una ligera sonrisa—¿Qué tal en tu visita a Japón?

—Digamos que fue productiva—Abrió un cajón de su escritorio y sacó un artefacto para ejercitar la muñeca. La sonrisa se normalizó—. Ya que no puedo tomar aviones, me colé como mejor se me da... Y obtuve un preciado premio.

Al lado del avatar apareció una localización GPS.

—Espero que su amigo Jack esté bien. Me encargué de borrar el video de seguridad del edificio. No eres el único que puede ocultar información.

Daniel sabía que le estaba vacilando. Pero tenía razón, el también esperaba que no fuera nada serio.

Habían pasado demasiados años desde que el creador del proyecto y él se conocieran en circunstancias extraoficiales. Su hijo hacia un buen trabajo llevando las riendas del juego, le habían enseñado bien, pero Daniel era quién tenía la mayor antigüedad allí, sentado en una silla frente a una pantalla y una corta melena lograda con los años. Su enfermedad genética era la prueba de ello.

—Me alegro de que cada jugador desempeñe su papel.

—Por cierto, Daniel, tengo una buena noticia para ti. Por fin el deseo de mi padre para contigo se ha hecho realidad.

Daniel arqueó una ceja. Sólo podía significar una cosa.

—¡Lo habéis conseguido!—Se levantó de la silla entusiasmado— ¿Puedo verlo en pantalla?

—¿No prefieres verlo en persona?—El avatar sonrió

Recordaba la primera vez que el síntoma se manifestó. Las primeras décadas fueron normales. Hasta que un evento rocoso en forma de meteorito, proveniente de la estratosfera, lo cambió todo. Sin previo aviso, alguna zona de su código genético respondió surgiendo su extraña enfermedad y desde entonces, puso todo su empeño en encontrar la tecnología necesaria para su desarrollo.

Y la hora había llegado.

—Basta de juegos. ¿Quién lo ha finalizado? ¿Dónde está?

—Daniel, ya conoces el lugar—El mapa que Daniel había introducido desapareció y otro muy distinto apareció mostrando una localización en otro continente. El avatar tenía razón, ya había estado allí. En otra época—. Hace tiempo leí un informe de una operación extraoficial del gobierno chileno, donde su propio gobierno negaba tal suceso, y entonces vi una posible jugada—El logotipo del proyecto Cybersyn en el que trabajó, que tuvo que abandonar en 1973 por un golpe militar de la época, apareció al lado del mapa—. Vamos a cobrar un antiguo favor. Te están esperando, puedes ir cuando quieras.

—Gracias, señor Jessup.

El avatar desapareció de la pantalla.

Daniel recordó una cosa. Pidió al ordenador mostrar varias imágenes. Allí estaba su viejo amigo el expatriado. Aunque le había visto momentos atrás, habían pasado muchos años sin verse en persona. Era hora de preparar un encuentro. Envió la posición GPS de manera encriptada directamente al enlace cibernético de Jack. Daniel salió de la habitación a una zona segura, le gustaba ese sitio, un bunker bajo tierra preparado con todas las necesidades tecnológicas para subsistir y la fibra óptica más potente para trabajar. Estaba preparado tanto contra intrusiones cibernéticas como ante una invasión militar. Sólo él y el señor Jessup conocían la localización. Giró la caja metálica de su reloj y desapareció.

Momentos después, lo prometido.

Se había teletransportado al interior de un hangar de pruebas. Una persona le esperaba para llevarle al lugar indicado. El recorrido atravesaba un túnel y entendió que el laboratorio estaría bajo tierra. Era de esperar perteneciendo a un círculo secreto. Su enlace abrió una puerta numerada y accedieron a una pequeña habitación. Sólo había un contenedor abierto y un monitor de seguridad. El técnico al cargo presionó un botón del artefacto y se encendió revelando varios paneles táctiles sobre la superficie. La pantalla de la habitación se encendió y apareció el señor Jessup.

—¡Espero que te guste!—respondió con alegría—. Uno de nuestros becarios logró solucionar varios problemas finales.

La cúpula del contenedor se levantó. Un escáner detectó la huella de

Daniel y, en su interior, un sistema holográfico mostró todo tipo de información, desde su sistema nervioso hasta su fisiología.

—Sólo exigiré un poco de privacidad—remarcó Daniel introduciéndose en el interior.

—Sabes perfectamente que eso no es posible, a no ser que te refieras a tus pensamientos. Eso sí lo respetaré—Jessup observó cómo Daniel interaccionaba con los menús—. Hay una sección de música por si te interesa evadirte de la realidad durante un rato.

La cúpula del contenedor se cerró lentamente.

En su interior, Daniel siguió monitorizando sus constantes y su sistema nervioso. Necesitaba saber hasta qué punto era reversible su estado. Una melodía inundó su mente a muy baja frecuencia. No tardó mucho en caer dormido.

Una imagen regresó a su mente.

«Flotaba en el aire. Al mirar hacia abajo, sobrevolaba una ciudad. Su ciudad. La plaza mayor, el estadio, la torre, las urbanizaciones, los centros de investigación… Y el palacio real. Aunque él tenía otro nombre para ese lugar. Su segundo hogar».

Sin darse cuenta, su tatuaje se iluminó.

Vigilando desde otra habitación, el señor Jessup monitorizaba la mente de Daniel y sus constantes. La tecnología había avanzado mucho los últimos años, la interacción mente-máquina era una realidad para ellos. Habían pasado las últimas semanas revisando el archivo digital que poseían del libro. En las primeras hojas había cientos de diseños de un lugar, un área geográfica. Esas imágenes debían corresponder con las que veía en la pantalla.

La activación del tatuaje correspondió con un cambio en la gráfica de su sistema nervioso.

—Esto debe significar algo—dijo el señor Gibson, responsable de tecnología en el círculo.

Jessup pestañeó y se giró sobre su silla para saludar a sus compañeros.

—No creo en las casualidades—respondió Jessup—. En los informes de mi padre no aparece nada relacionado con ese brillo hasta después del aterrizaje del meteorito. Como si se hubiera creado un vínculo con su creador, diseñador… Usar el término que prefiráis.

—Desde ese día se puso muy serio con el programa Cybersyn de Chile. Allá en la década de los setenta—señaló la señora Figueroa, responsable de la información que manejaba el círculo, su Big Data privado.

—Y le debemos toda la investigación desarrollada hasta ahora—aclaró el señor Gibson.

El tercer avatar, L.R., responsable de las decisiones tácticas mediante informes, observó en silencio.

—¡Y no lo dudo!—respondió Jessup—. Yo soy el que menos tiempo lleva aquí, ya lo saben. Y nuestra obligación para con Daniel es ayudarle a curarse o recuperarse, en la medida que sea necesaria—Jessup accedió a su ordenador personal y analizó la constantes de Daniel. Algo hacia efecto en él. La vibración que tuvo en Industrias Astratech debió ser muy importante. Decidió posponerlo, la actividad cerebral indicaba que dormía profundamente—. Señores, señora, no sabremos más hasta que despierte.

# 17

**Alerta**
**Marzo 2016**

La alarma se encendió en la agencia.

Una entrada no programa puso nerviosa a toda la oficina de análisis. El agente Jim Mason vio interrumpida su tarea diaria. Comprobó el ordenador y la alerta indicaba la llegada de cinco cuerpos humanos.

—Se supone que el equipo de Sheppard eran tres...—Jim castañeaba los dientes—¿Han tenido problemas?—Jim presionó un botón para lanzar un mensaje—. Que un equipo acuda al hangar de pruebas. ¡Id armados!

El hangar de la agencia se selló y los cuerpos de seguridad se apostaron por las pasarelas y diferentes posiciones tácticas. En cualquier momento presenciarían la entrada no programada. Por el micrófono, Jim alertó a sus hombres.

—El ordenador indica señales de energía. ¡Prepárense!

Con previo aviso, una estela de energía se materializó en el centro de la sala, el ordenador contabilizó cinco cuerpos. La luz se desvaneció progresivamente y los cinco invitados aterrizaron en el suelo. Tras unos segundos, saludaron a sus espectadores.

—¡Hemos llegado!—respondió Max Sheppard contemplando la seguridad—. Bajen las armas, por favor.

Desde la oficina, Jim Mason comprobó la señal biométrica de los viajeros para no llevarse sorpresas. Encendió el altavoz principal y emitió una orden.

—Un equipo médico os esperará para un chequeo de emergencia. Nunca hemos teletransportado más de tres personas—Se pasó la mano por su perilla—. Jack, pasa por mi oficina. El resto podéis descansar.

Jack le dio una palmada en la espada a su hijo. Max Sheppard y Agatha Sinner le lanzaron un guiño para que fuera con ellos.

En la oficina de análisis, varias pantallas de cristal mostraron a Jim todo el material que tenían sobre Stuart Manfree y el General Bart Sheppard de los últimos diez años: empresas, distribuidores, operaciones secretas,... Un dossier muy extenso que había dado muchos quebraderos de cabeza.

Jack, antes de entrar por la puerta, recibió un mensaje en la memoria interna de su dispositivo cibernético. «Era una posición GPS y el lugar le resultaba familiar». Entró por la puerta y, al ver las pantallas, reconoció muchos de esos informes. Eran parte del trato a cambio de limpiar su imagen desde que salió del ejercitó y se convirtiera en fugitivo.

—Hiciste un buen trabajo reuniendo toda esta información—halagó Jim a su compañero de armas—. No debió ser fácil.

Las pantallas mostraban cientos de documentos de contratos relacionados con todo tipo de sectores y fotografías de personalidades importantes del ámbito empresarial y político obtenidas de los servicios de inteligencia de varios países.

—Hice buenos contactos—respondió Jack observando varias fotografías digitales y recordando el mensaje que acababa de recibir—. Tuve ayuda. Ya has comprobado hasta donde se extendían sus tentáculos, nadie se hace tan poderoso en tan poco tiempo.

—Pues esto es la punta del iceberg.

—¿Disculpa?—Jack se giró y le miró.

—Dímelo tú. Tienes la información del pendrive de Tesla en tu memoria interna. Haz un chequeo, así practicas.

Jack, temeroso por una nueva jaqueca, se acercó a la pantalla y visualizó varios documentos de las pantallas y, enseguida, varios informes con fechas futuras aparecieron en su ojo.

—Empresas de tecnología, medicina, instituciones de investigación, tesis de matemáticas, empresas químicas… ¿Qué es todo esto?

—Esos son sus nuevos tentáculos, amigo. Tu información trata de las primeras operaciones que hicieron relacionadas con redes militares entre los años ochenta y antes del evento de 2013. La nueva información es la evolución de aquellas empresas en las que invirtieron. Están por todos lados.

Jack recordó la presentación de la feria.

—Roderick Schiff estuvo en la feria de tecnología con Jayden Yamata, ya sabe, el presidente de la corporación Yamata.

Jim sonrió.

—¿Te refieres a eso?—Con las manos seleccionó varios elementos de las pantallas y descartó el resto—. Informes sobre tecnología holográfica, biotecnología, energías renovables, armas energéticas, sistemas de telecomunicaciones de nueva generación. Nosotros también tenemos negocios con el señor Yamata. ¿Olvidas el torneo de cibernética? Hay que tener a tus amigos cerca, pero aún más a tus enemigos, recuérdalo—A través de una cámara, observó una sala de entrenamiento—. Gracias a él iniciamos los entrenamientos de realidad virtual—Un video de archivo salió en pantalla—. Tu hijo está practicando ahora mismo con sus compañeros. Ha hecho buenos progresos estos meses y hacen buen equipo. Por esos le mandé juntos. ¡Mira!—señaló la pantalla—, Max abandona la habitación. ¿Por qué no bajas y aprovecháis el momento?

—Te lo agradezco. También quería decirte que me ausentaré unos días por temas personales—Jim le miró—, pero tranquilo, volveré.

# 18

**Compañeros**
**Marzo 2016**

Desde el cielo, una esfera vigilaba el perímetro.

El sistema de seguridad de imagen y video en tiempo real funcionaba perfectamente. El detector de rostros no había saltado en ningún momento indicando alguna presencia importante. Los transeúntes sólo veían un edificio histórico reformado.

Pero ese día era distinto.

A varios niveles de profundidad, Roderick Schiff probaba los nuevos mapas de entrenamiento con el proyector.

«Una diseño similar al de una ciudad virtual, con sus calles, zonas subterráneas, atajos en forma de agujeros, vehículos simulando ser virus de toda clase, barreras que actuaban de cortafuegos… El objetivo: localizar y rescatar archivos escondidos, una aguja en un pajar. Un ciber-entrenamiento en toda regla».

La presentación en la O.N.U. le había dado una clara ventaja en cuanto a seguridad cibernética, pero sabía que en cualquier momento alguien intentaría hackear sus sistemas y eso no podía permitirlo.

La imagen de una persona se proyectó en la habitación interrumpiendo el entrenamiento. Una alarma saltó en la pantalla.

—Reconocida, Melinda Kuhn—advirtió una voz sintetizada.

—De acuerdo—respondió quitándose las gafas entrenamiento—Cierra el entrenamiento digital y no subas tanto la dificultad en las defensas virtuales, casi me pierdo en ellas. Sé que soy bueno, pero eso está a otro nivel. ¡Yo soy un humano y tu una máquina! Debes entender eso.

—Lo tendré en cuenta para la próxima vez—respondió la voz—. ¿Ahora continuará con el entrenamiento físico?

Rod asintió.

## Ж ЖЖ ЖЖЖ

Fuera, a menos de una manzana, la ventanilla del coche estaba descendida. La suave brisa entró en el interior y le rozó la piel. Frente a ella, el edificio seguía intacto o al menos no había indicios de reformas. El sistema de sensores del coche detectó la puerta del gran castillo y se detuvo lentamente. Una cámara de seguridad realizó un reconocimiento completo de vehículo.

—Buenos días, señorita Kuhn. El señor Schiff le espera en el interior—reprodujo una voz sintetizada.

La puerta se desmaterializó in situ. Parecía que las apariencias engañaban y dichos cambios sí se habían realizado. El coche continuó su camino hasta el parking del perímetro. La puerta de metal se abrió y una persona salió al exterior, dio un par de pasos y se quedó quieto mirando en su dirección. Melinda no la reconoció pero eso no la iba a detener para llegar a su cita.

—Bienvenida, Melinda Kuhn—saludó la voz.

El desconocido abrió la puerta y se adelantó al interior. La leve iluminación impedía verle correctamente, pero gradualmente, el pasillo se iluminó por completo. Le resultaba parcialmente familiar pero no sabía por qué.

—He venido para reunirme...

—Con el señor Schiff—terminó la voz

—¿Y usted es? —preguntó preventiva y desconfiada. Nunca había visto a esa persona.

—Me llamo Sysco. El señor Schiff ha solicitado que les acompañe a usted y a sus colegas. Por favor, sígame.

Melinda optó por darle un voto de confianza. Si surgía algún problema sabía defenderse perfectamente.

El interior había sufrido una total transformación, sensores circulares y líneas de luz azulada adornaban las paredes. El camino era el mismo, pero esa imagen le daba otra identidad. Sabía exactamente dónde debía ir.

—Seguiré por mi cuenta, si no le importa—Le respondió a Sysco. Él, por su parte, le respondió con un gentil gesto de aprobación y continuó por otro pasillo.

Ж ЖЖ Ж ЖЖ

Los monitores señalaban la presencia de una mujer acercándose cada vez más a la habitación. Su compañera acababa de llegar. «Veamos si conserva esos reflejos—pensó animado». Rod preparó la simulación de un ejercicio. La puerta de la habitación se abrió.

—¡En guardia!

La habitación se transformó en un pequeño laberinto rotatorio cuyas paredes cambiaban de altura cada escasos diez segundos. Melinda, sin tiempo para analizar, se quitó el abrigo y demostró su destreza. Iba vestida con un traje especial que le permitía moverse con soltura a través del terreno. Aunque sabía que no era real, las imágenes y el ruido parecían decir lo contrario.

—Roderick Schiff. ¡No te escondas!

Varios sectores de algunas paredes se transformaron en agujeros. Melinda no dudó en aprovecharlos para avanzar. Sabía que el artífice de ese mapa le esperaba al otro lado. Entonces cayó en la cuenta, extendió el brazo y un arma se materializó en su mano.

Melinda disparó hacia las paredes. Un rayo eléctrico las destruyó una a una y el ejercicio acabó antes de tiempo.

—¡Eso es trampa!—gritó la voz de su compañero aplaudiéndola con entusiasmo—. Pero admito que es efectivo—La simulación finalizó devolviendo la habitación a la realidad y el arma de Melinda desapareció—. ¿Has tenido un buen viaje desde el país naranja?

—Yo también me alegro de verte.

Los monitores dela habitación se encendieron de nuevo. Llegaban reclutas: en la entrada había un camión y en la azotea un helicóptero.

—Tu gigante te espera arriba. Yo iré a ver la mercancía. Nos vemos luego.

El suelo del patio exterior del castillo se abrió y una gran compuerta les dio acceso a los niveles inferiores. Los tres camiones provenientes del puerto de Jacksonville accedieron uno a uno. El edificio detectó los códigos de varios sistemas electrónicos y puso los vehículos en modo automático.

—Pues sí que ha cambiado esto—murmuró Elizabeth desde el asiento de la cabina.

—Ya sabes que Rod nunca bromea en temas de seguridad. Eso no cambiará nunca—respondió su compañero—. Además, mejor para nosotros—Otto se llevó las manos a la nuca y se acomodó en el asiento—. No tenemos que conducir.

En la luna del camión apareció un panel de control monitorizando el contenido de los tres enormes vehículos. Otto comprobó la información digital, un mapa les dirigió hasta los puntos seleccionados. El viaje había sido largo. Los camiones se detuvieron en el interior del gran hangar de la empresa y su equipo comenzó a descargar el contenido de los contenedores.

Desde la azotea, una enorme figura asomaba la cabeza desde un gran helicóptero. Tras aterrizar, el gigante y su compañero accedieron por la entrada de servicio mientras el piloto regresaba a su base.

En la planta baja, en la puerta principal, una mujer llamaba al timbre. Tras recibir autorización, se acercó a la puerta del edificio donde un hombre de metro noventa la esperaba pacientemente.

—Buenos días, señora Miw—saludó Sysco.

La mujer accedió a interior y Sysco se quedó quieto en la entrada. Algo había activado el análisis de emergencia de sus sistemas. Antes de regresar al interior, un coche se materializó frente al edificio. La puerta seguía abierta y el conductor introdujo el coche en el perímetro interior.

—Y ahí está el señor Inesh Lazard—Sysco le esperó en la puerta—. Buenas tardes, Inesh. Bonito coche.

Las ruedas del vehículo se estabilizaron y se colocaron en posición vertical para aterrizar en la superficie del parking. Inesh entró por la puerta y saludó al guardián.

Sysco reaccionó y, sin más citas en su agenda, accedió al interior.

# 19

**Inspección**
**Marzo 2016**

El ascensor llegó a la planta seleccionada.

La luz del pasillo se encendió progresivamente, avanzó hasta el almacén y se paró delante de la puerta. El doctor Ezequiel Jamil tomó aire y puso su mano en el sensor de la pared. Una luz le escaneó de cuerpo completo y el sensor emitió su aprobación. Caminó a través de los contenedores de material que les enviaban desde Japón. Avanzó hacia una sección elevada separada por un pequeño escalón y se puso delante de un contenedor iluminado de color azul. Se acercó al panel de mandos e introdujo su contraseña de seguridad. La carcasa del contenedor realizó un ligero desplazamiento y un gas inodoro salió del interior.

Pequeños sensores monitoreaban el cuerpo que descansaba en estado de éxtasis. Una pantalla con todo tipo de datos fisiológicos se proyectó en la pared.

Ezequiel cogió una silla plegable y la acercó.

—Buenos días, Stuart—Saludó al clon de su antiguo compañero desaparecido. Todavía no había decidido otro nombre apropiado—. Llevamos más de diez años de terapia genética y he de decir que eres mi mejor paciente.

Los ojos del humanoide se abrieron. Pestañeó, movió los hombros y procedió a levantarse lentamente. En su cuello, el pequeño tatuaje era su firma de identidad.

—¿Qué día es?—preguntó con una voz débil tratando de incorporarse.

—Es primavera—Ezequiel encendió su tableta electrónica—. He de decirte que mi estudio sobre tu cerebro ha dado muchos frutos, sobre todo en ciertos campos poco estudiados. Eres bastante especial.

—¿Entonces me sacará a dar una vuelta?—murmuró con un tono retador. Su muñeca esta encadenada a un cable de seguridad.

—Eso ya lo hicimos hace varias semanas. Conoces el protocolo.

El humanoide empezó a reírse.

—Por favor, doctor—Su voz era diferente a la versión original—. Ambos sabemos que nunca saldré de aquí. Que soy un error de la naturaleza. Los últimos tres años han sido los mejores de mi existencia. Paseos con el androide, partidas de ajedrez, realidad virtual para conocer al mundo. Se lo agradezco doctor, en serio. Antes de eso sólo me hacían análisis de sangre, incluso vi la cara de un viejo asiático que no sé quién es.

«Jayden Yamata». Ezequiel sí lo sabía, toda su tecnología provenía de su empresa. Todos los encargos especiales eran enviados desde Tokio. Desde el momento en que desarrollaron el proyector holográfico en Astratech , y el General Bart Sheppard se lo mostró a su asocio asiático, se llegó al acuerdo de que ellos crearían los diseños de toda la tecnología y de que se construiría allí, al otro lado del mundo.

—Dime una cosa—Se rascó la fina barba que llevaba—. Sé la respuesta, pero ya que hemos avanzado la suficiente en tu tratamiento neuronal…—Dejó de mirar su tableta electrónica y miró al clon a los ojos—¿Recuerdas algo de esa noche? Ya sabes, el experimento. Tu paseo por la ciudad.

El clon se recostó de nuevo en el contenedor y, en la pantalla interna, seleccionó una lista de música. Una ligera canción clásica resonó en la habitación.

—Sabes, hay días en los que me despierto, pero en vez de salir a la sala de realidad virtual, me quedó aquí escuchando música—tarareó la canción—. ¿Sabes otra cosa?—Continuó tarareando—. A veces, tengo sueños extraños. Una habitación y una mujer—Ezequiel le clavó la mirada y se levantó—. No recuerdo bien los detalles, pero sé que disfruté. ¿Sabes algo de eso?

Ezequiel se acercó a un armario de metal. Extrajo un dosificador cilíndrico de un estuche, se acercó al clon y se lo inyectó en su cuello.

—¿Sabes que esa mujer tuvo una hija no deseada? ¿Sabes lo que nos costó silenciarlo? ¿Sabes que eso nos cambió la vida a todos, incluso a tu homólogo?

Stuart le miró de reojo.

—¿Qué es eso?

—Esto es una neurotoxina modificada por un compañero. No volverás a levantarte en una larga temporada, ¿me has entendido?

A través del micrófono de su oreja, recibió un mensaje de Rod.

«Pronto iniciaremos la reunión. Termina lo que estés haciendo».

Ezequiel retiró el dosificador y lo guardó en el estuche.

—Esta vez has tenido suerte. La próxima, no tanto—Pulsó un botón del contenedor y una orden de cierre apareció en la pantalla. Un hilo de gas se desprendió en el interior e inundó el cubículo—. Nos veremos en el siguiente control. Créeme.

El contenedor se cerró y se presurizó. Ezequiel guardó el estuche en el armario y cogió un cuaderno donde guardaba varias fotos.

—El cabrón es exactamente igual. Y todavía no sé cómo se hizo ese tatuaje. En fin—Cerró el armario y salió del almacén.

# 20

## Déjà vu
## Marzo 2016

Patrick Stevens intentó seguir el punto rojo en su localizador. Aparecía y desaparecía. Avanzó por los obstáculos de la habitación, había subido el nivel de dificultad en un intento de mejorar su rendimiento... Hasta que descubrió el patrón que Sam había introducido en el entrenamiento. Entonces, se adelantó y disparó.

Había terminado las prácticas de espionaje con Agatha. La mujer se movía muy rápido y le costaba averiguar donde se escondía por la habitación. Todavía le resultaba raro entrenar con ellos dos porque recordaba las imágenes de su estancia en L.A.I.CA.[17]. Agatha se daba cuenta de esas miradas y ya lo había comentado son Sheppard en alguna ocasión.

La proyección se detuvo y Agatha se acercó a Patrick.

—Sé lo que te ocurre Patrick—Él le dirigió la mirada—. Hace poco Max me entregó el informe sobre lo que ocurrió. Que nos viste a mí y a él en ese lugar. Debe ser extraño tener una información que nadie más ha vivido y tener que lidiar con ello—Patrick agradeció sus palabras—, y que sepas que puedes confiar en nosotros para lo que necesites.

Antes de que pudieran mediar más palabras, una persona apareció en la puerta. Agatha entendió la situación y se despidió. Jack saludó a Agatha y se acercó a su hijo.

—Has llevado muy bien estos tres años. Cualquiera diría que eres agente encubierto—Patrick se encogió de hombros—. Pero ambos

---

[17] Laboratorio Aeroespacial de investigaciones.

sabemos que no ha sido fácil pasar de tu vida de reportero a convertirte en la pieza clave de la agencia. Te tienen que llover fans por todos lados.

Patrick se tomó de buen humor el comentario. Fue al ordenador de la habitación y buscó una simulación.

—Los rumores dicen que tienes buena puntería, incluso que tienes un record aquí dentro—Jack arqueó una ceja— ¿Te atreves?

Los sensores de las paredes comenzaron a transformar la habitación y varias plataformas surgieron del suelo. Aparecieron diversos objetivos esparcidos por cada punto del entorno virtual. Un contador numérico inició una cuenta atrás. Patrick se movilizó. Jack se tomó su tiempo. Quería ver trabajar a su hijo.

# 21

### Investigación de D.A.R.P.A.
### Marzo 2016

Una hora después.

—Señoras y señores, comenzaremos la reunión de sus vidas—Jim encendió todas las pantallas de la oficina—. Todos son conscientes y tienen conocimiento de la investigación principal de esta oficina. Recientemente hemos descubierto imágenes del puerto de Jacksonville, en Florida, donde un carguero ha dejado varios muertos y tres contenedores sin identificar. Uno de los cuales llevaba inscrita una gran «T». Podemos teorizar que es una vía por la que Nikola Tesla puede aparecer este año de donde quiera que regresara, pero es sólo una teoría. También puede ser la inicial de la empresa emisora, la cual desconocemos. Gracias a esta imagen—señaló con un puntero—, sabemos que los contenedores pertenecen a Industrias Astratech. Pueden ver a dos de ellos: Elizabeth Rousseff y Otto Warburg—apareció una pequeña ficha sobre ellos—. Por lo que sabemos ella es la encargada de los materiales y de captar socios, mientras que su compañero es uno de los mejores matemáticos del mundo.

Max Sheppard prestó atención. Él solo conocía a los tres integrantes con los que convivió. Agatha y Patrick prestaban atención a la información.

—¿Se sabe de dónde proviene el carguero?—preguntó Patrick.

—De Japón. Lo sabemos por varios caracteres inscritos en la cabina—Apareció una imagen de satélite—, pero no conocemos la empresa mercantil. Curiosamente, esa información se borró de los servidores del puerto y toda la tripulación perdió la memoria. Algo que no me gustó. En los informes del pendrive había datos sobre tecnología de manipulación mental experimental, pero no vamos a entrar ahí. Podría pertenecer a nuestro a la Corporación Yamata, pero sólo es teorizar.

—A ver si lo he entendido—Sam usó un dispositivo portátil desde su asiento—. Una traficante de materiales y un matemático logran derribar a un escuadrón de la muerte sin dejar huella—Toqueteó su pantalla—. Sabíamos que esa empresa es una gran familia y que sus integrantes pertenecían a círculos muy diversos. Un experto en telecomunicaciones—Las fotografías aparecieron en pantalla—, un ingeniero ruso, un bioquímico, una fabricante de armas, un físico, etc. El bioquímico ha desarrollado una fórmula para retrasar el envejecimiento celular, y el físico trabaja con el ruso en la nueva generación aeronáutica rusa—Dejó el dispositivo en la mesa—. Señores, señorita, no estamos tratando con una simple empresa de tecnología. Estamos tratando con un grupo especializado en todo, incluso robótica y cibernética.

—Por el momento Astratech está vigilada por la secretaria de Estado, la cual debería llamar en breve—Una luz se encendió en el dispositivo que había en el centro de la mesa—. Ahí está—Señalo Jim—. Sam, ni no es molestia, activa el proyector.

La imagen de una mujer se proyectó cerca de una pantalla a escala natural.

—Buenos días, a todos—saludó la secretaria Ellen Dugan.

—Buenos días—respondieron todos.

—Le pongo al día—reaccionó Jim—. Estábamos hablando del informe del puerto y ha salido el nombre de Astratech. Si quiere añadir algo, es el momento.

—Indicar que la empresa está siendo vigilada y se están estudiando varias propuestas de permisos digitales para desarrollar un proyecto de supersistema informático que, si se llega a construir, centralizaría diferentes tipos de redes de información global—Sheppard, Agatha y Patrick levantaron la mano en señal de duda—. En resumen, enlazar todas las bases de datos del planeta bajo la supervisión de una única empresa.

—Astratech—respondió Patrick.

—Es la idea—respondió ella—. Por la razón de que es la única empresa capaz de realizar esa hazaña y, el doctor Schiff, es la única persona capacitada en llevar a cabo ese proyecto. Lo que no sé es cómo.

Jim sonrió y mostró una imagen en la pantalla.

—Yo, sí.

Todos observaron la pantalla. La imagen mostraba una gran nave y una de sus secciones señalaba varias antenas. Todos reaccionaron. Patrick se levantó y, lentamente, se acercó a la pantalla. La secretaria miró a Jim y él asintió.

—¿De dónde has sacado esta imagen?—preguntó Patrick—. ¿De Astratech?

Jim le miró y después miró al resto.

—Lo que voy a contar ahora es alto secreto y pocas personas lo saben. De modo que espero que continúe siendo así de puertas para fuera. Esta imagen fue obtenida del pendrive que trajiste de tu viaje, Patrick. El pendrive que te dio Nikola Tesla. La gran pregunta es: ¿en qué momento de este año aparecerá?

La luz de la sala se apagó y una luz roja se encendió

—Alguien ha debido saturar la sala de realidad virtual—argumentó Sam.

—Patrick, ¿estás seguro?—preguntó Sheppard—. En el informe indicaste que la mayor parte del tiempo estuviste en el interior.

Patrick rememoró aquellos momentos. «La cápsula, el ventanal del despacho, la pasarela de las parabólicas, el intento de asesinato de Stuart, el androide...».

—La nave se llama proyecto...—empezó a explicar Jim

—L.A.I.C.A.—terminó Patrick— Laboratorio Aeroespacial de Comunicaciones Avanzadas e Investigación. Es difícil de olvidar.

—Exacto. Se te quedó grabado—vaciló Jim. Todos observaron detenidamente las imágenes de la pantalla—Tras analizar los diseños que se encontraban en el pendrive y tras los informes que Astratech envía trimestralmente a la secretaria de defensa, tenemos confirmación de su puesta en desarrollo. Se convertiría en la mayor base de telecomunicaciones del mundo desde el aire. Eso es bueno y malo al mismo tiempo. Bueno, porque alguien tendrá que estar al mando y tendrá independencia de decisión en las órdenes; y malo, porque puede ser objetivo de ataques, por lo tanto, tendrá que ir preparada.

—Armamento—respondió Sheppard.

—Campo de fuerza—respondió Sam.

—Y mucho más caballeros—Mostró varios documentos en las pantallas. Una colección de patentes señaló un arsenal de tecnología futurista—No sé de qué manual de ciencia ficción han sacado todo esto, pero esa gente lleva varias décadas de adelanto tecnológico. En los informes hay muchas más cosas.

—Acertó con la moneda—ayudó Sam—. Los tiempos cambian.

—Tesla también informa de que el dólar sufriría una caída en picado tras la alianza de China con Rusia. Nivel militar superior, los BRICS, y su sistema financiero... Por Dios, incluso África planifica su propia moneda para aislarse del dólar. Lo próximo que será, ¿nuevo orden mundial? ¿Proyectos utópicos? ¿Avances en medicina? ¿La impresión tridimensional marcará un antes y un después? ¿Adiós a las contraseñas? ¿A la enseñanza?

—¿Las redes sociales?—añadió Sam—. Hay que admitir que se han expandido hasta áreas insospechadas. La vida de muchas personas están direccionadas por ellas. Y según dice el informe, irá a más, hasta la realidad virtual.

—En resumen, aún quedan muchos archivos por analizar. Todavía hay archivos que no se pueden abrir, su encriptación está a otro nivel. Por lo tanto, la máxima prioridad ahora es descubrir antes que ellos el momento exacto, fecha y hora de la aparición del señor Tesla—Jim miró a Patrick.

—Él indicó que llegó dos años atrás. Era el 2018, restando dos… Toca este año Jim. Pero no sé más.

La luz volvió a la normalidad, la sensación de peligro desapareció.

# 22

## Lazos
## Marzo 2016

Realizar el entrenamiento en un antiguo búnker de la era soviética había sido una sorpresa. El dúo Sheppard-Sinner le estaba enseñando diferentes maneras de infiltración. Sus compañeros estaban orgullosos de su rápido progreso y le dieron el visto bueno de su avance realizado.

Patrick salió del vestuario y encontró a su padre caminando muy serio hacia el garaje. Sabía de antemano que tenía reuniones privadas con Jim Mason, pero desconocía el objetivo. Su relación se había vuelto más amena desde que se había convertido en agente, pero nadie sabía exactamente que había hecho durante veinte años en el extranjero y había aprendido a desconfiar de las salidas nocturnas.

Sin bacilar, decidió seguirle.

Caminó con una distancia prudente. Jack accedió a un coche del garaje y se dirigió a la puerta de salida. Antes de perderle vista, Patrick disparó un transmisor con el arma de su cinturón. Ya le tenía localizado. Una moto aparcada en la pared llamó su atención. Debía seguirle sin llamar su atención.

Su padre mantuvo una velocidad alta durante todo el trayecto. Patrick había ido de ruta varias veces con Sheppard pero nunca en misión secreta. Accedieron a una carretera secundaria y la moto notó el contraste de la superficie. El vehículo giró en una salida y se dirigió hacia lo que parecía una fábrica abandonada[18]. Patrick no entendió la jugada, pero ese era el lugar perfecto para esconder algo. Escondió la moto entre unos árboles, cerca de un río, y se acercó sigilosamente.

---

[18] Referencia al capítulo «Rescate» de «La llave de la eternidad».

La puerta principal estaba descartada. Caminó por el exterior y localizó una secundaria. La cerradura del segundo acceso estaba ligeramente oxidada, la golpeó varias veces con el pie hasta que logró que cediera. Una escalera descendente y otra ascendente le daban la bienvenida. Caminó de forma decidida hasta el nivel subterráneo. Los escalones estaban llenos de hojas mustias, una habitación sin puerta era el final del camino. Al otro lado, para su sorpresa, encontró una zona de entrenamiento rudimentaria de tiro. Su bota detectó un objeto, se agachó y descubrió varios casquillos de bala.

Jack Evans se acercó al gran televisor de su salón y conectó un pendrive en el puerto de acceso, un mensaje indicó que se copiarían todos los archivos. Se aproximó a la nevera y sacó una cerveza. Se sentó en el sofá y colocó un teclado en la mesilla. Accedió a la primera carpeta del pendrive y comprobó lo que se temía.

«Llamada entrante—anunció el sistema».

—Buenos días, señor Evans—saludó una cara distorsionada—. Espero que su visita inesperada a nuestros dos jóvenes amigos, vía online, fuera fructífera.

—¿Qué tal, señor Jessup?—Jack se acomodó—. Le gustará lo que tengo. Nuestro amigo en común estará satisfecho.

Los documentos fueron apareciendo en la pantalla. El invitado se tomó su tiempo para hacer una revisión preliminar.

—«Avances médicos de nueva generación con pruebas en humamos»—La voz se mostró seria—. Menos mal que la fuente le es indiferente. El último tratamiento que le hemos ofrecido hace poco resultó satisfactorio para sus temblores, pero esto lo cambiará todo. Créame cuando le digo que mi padre hablaba muy bien de sus capacidades cognitivas.

Jack lo sabía, siempre recordaría sus años en Sudamérica, pero también era consciente de que el sensor de la pared parpadeaba.

—¿Tienen idea de que finalidad tiene esa investigación?—Se enderezó y usó el teclado para abrir más carpetas— ¿Creen que puede estar reuniendo un ejército privado invencible o algo así?

—Me avergüenza decir que no tenemos ni idea. La Corporación Yamata es totalmente hermética desde la investigación de Industrias Astratech. Por eso te dimos esa misión en el M.I.T., para darnos algo de luz.

Los documentos mostraban experimentos de regeneración celular, tratamiento de enfermedades neuronales, entre otros.

—¿Es posible que conozcan la gran fecha? Ya sabe, en la que aparecerá el señor Tesla.

—Lo dudo mucho. Sólo tu hijo habló con él y esa información lo tiene exclusivamente D.A.R.P.A. y nosotros, gracias a ti. Nadie sabe el día concreto, al menos de manera oficial.

Pegado a una pared, el receptor portátil transmitía la conversación por los auriculares. Patrick diferenciaba la voz de su padre pero la otra le era desconocida.

«¿Temblores? ¿Capacidades cognitivas? ¿De quién hablaban?».

Patrick sabía que, cada minuto que pasaba espiando, aumentaba el riesgo de ser descubierto. Miró otra vez a su alrededor. No había ninguna cámara de vigilancia, ese era el único motivo por el que seguía allí.

El pasillo se quedó a oscuras. Era mala señal. Ya no se escuchaba ninguna transmisión por el receptor. Decidido, se largó de allí sigilosamente por las mismas escaleras por las que había ascendido momentos atrás. El río no quedaba muy lejos.

Jack dejó la cerveza en la mesa y cambió el canal de la televisión. «En la imagen, una persona se escondía detrás de un árbol y huía en una moto hacia la carretera». No había sido una coincidencia, nada lo es. Todas las fichas estaban colocadas. Así lo marcaba el plan.

El sensor de la alarma seguía encendido.

«Reiniciar sensores—ordenó».

La pantalla mostró un mapa digital con todos los puntos de seguridad del terreno y el edificio. Un mensaje mostraba la imagen de perfil de una persona de treinta años de edad y su expediente de D.A.R.P.A.

—Veo que Sheppard te ha entrenado muy bien, hijo. Me alegro.

# 23

## Alex
## Abril 2016

Patrick descansó en el despacho de Sam Beckson. Habían pasado varias semanas desde la incursión en Japón. Su enlace en la agencia se encontraba fuera del país, en misión oficial, y tenía permiso para usar su oficina para aislarse y relajarse.

Su móvil sonó.

En la pantalla observó la imagen de Alex. Vio el ordenador de Sam y decidió conectar el móvil para verlo mejor.

—¿Qué tal está mi viajero?—La imagen de Alex mostró una gran habitación.

Llevaba un atuendo asiático. Sabía que llevaba varios meses viajando con su padre y era la época de ferias de tecnología en el país del sol naciente, pero desconocía su calendario.

—Acabamos de terminar un mes intensivo de ejercicios tácticos de realidad virtual con el equipo de Sam y hemos tenido una reunión informativa, recordando sucesos del pasado. Creo que me puedo acostumbrar a esto.

—No lo digas muy alto—Alex le sonrió. Patrick recordó la seguridad de la agencia. Miró a los lados y no vio ninguna cámara. A veces lo olvidaba—. Veo que te integras bien. Cuando me dijiste que te habían sugerido incorporarte, tenías tus dudas. Pero ya te lo dijo tu jefe, la fama no es lo tuyo.

Recordaba esos meses: regalos broma, llamadas intempestivas, entrevistas trampa de su jefe y el catering de una presentación con sorpresa en la tarta.

—¿Tu padre está en nuevos proyectos?

—Eso es extraoficial. No puedo contar nada—En realidad no podía contar nada de lo que sucedía dentro de la agencia—Que sepas, extraoficialmente, que estuve allí hace poco.

Alex puso cara extraña y entonces recordó un chivatazo.

—¿Vosotros no tendréis nada que ver con un incidente en la feria de tecnología de la capital?

La seguridad japonesa resultó ser muy eficiente.

—No sé de qué me hablas—Las paredes de la habitación de Alex cambiaron de color—¿Qué tipo de habitación esa? Veo imágenes en las paredes.

—Me encanta. La habitación tiene un ordenador controlado por voz y puedes elegir qué tipo de paisaje proyectar en la pared.

—Me parece muy bien. Deberían ponerlo en todos los hoteles. Se notan que allí llevan varios años adelantados.

Patrick se mantuvo en silencio. Llevaba dándole a vueltas a la incursión en ese edifico abandonado. Era la primera que espiaba a alguien sin autorización y esa conversación no le dejaba dormir.

—Oye—Su voz se entrecortó—, si supieras que alguien trama algo pero es con buenas intenciones, ¿qué harías?

Alex meditó la pregunta. La conversación había dado un rumbo de ciento ochenta grados.

—En ese caso supongo que le daría espacio—La curiosidad le tentaba—¿Es alguien en común?

Patrick decidió rápido.

—No. No le conoces.

# 24

**Lealtades**
**Abril 2016**

La secretaria de estado Ellen Dugan finalizó la transmisión de la reunión con D.A.R.P.A. Se incorporó en su sillón para meditar una par de asuntos. Se levantó del sillón y salió de su despacho. Caminó por los pasillos del edificio emblema de la O.N.U. en Nueva York, técnicamente vivía allí, la mayor parte del tiempo estaba fuera de casa y siempre surgían llamadas intempestivas.

Se acercó a un ventanal del edificio y se quedó contemplando las vistas. A veces olvidaba que una simple imagen también ayudaba a desconectar.

—La verdad es que la vista es preciosa—dijo una voz femenina

La secretaria se giró levemente y saludo a su socia.

—Necesitaba relajarme. Parece que las cosas van bien.

La señora Figueroa se colocó a su lado y sacó un dispositivo de su bolso. Una proyección mostró varios documentos.

—Tenemos lo que buscábamos, Ellen—La miró fijamente—. Daniel recibió la ansiada llamada y logró acceder a Astratech. Hemos obtenido información de vital importancia. Te damos las gracias por tu colaboración.

—Sólo hice lo que debía hacer. No voy a permitir que una empresa capitalista dirija el tráfico de datos mundial. Si puedo supervisarla personalmente, ayudaré en ello.

Las imágenes cambiaron. La dimensión de la imagen se amplió mostrando una plataforma de enormes dimensiones. Un laboratorio nunca antes visto. Ellen Dugan reconoció la imagen y disimuló con una mirada anonadada.

—¿Qué es eso?

La señora Figueroa sonrió y puso el dispositivo en la ventana, en posición vertical, en dirección a la pared del pasillo. La imagen cobró vida.

—Esto, querida, es el proyecto que presentó el doctor Roderick Schiff en su conferencia de Enero—La señora Figueroa seleccionó varias secciones de la holografía—. Ese supersistema de gestión de datos a nivel mundial, es un laboratorio aeroespacial—Ellen contempló la imagen y se fijó en los detalles—. Para que me entiendas, imagínate un portaviones en el cielo. Esa imagen que estas estudiando, pertenece a los archivos secretos de Astratech.

Ellen Dugan entendió el nivel de esa información.

—¿Alguien más sabe esto?—Ellen sabía que, seguramente, D.A.R.P.A. poseía esa misma información, pero nunca estaba de más saber el alcance de tus propias redes.

La señora Figueroa se acercó a ella y la cogió de los brazos

—Nadie más excepto Astratech, el muchacho Stevens y espero que esta reunión quede entre nosotras, señorita. Creo que lo entiende.

Ellen volvió a mirar la proyección. Recordó el expediente que le proporcionó D.A.R.P.A. Cuando quiso preguntar algo más, la mujer había desaparecido. El dispositivo seguía allí en la pared. Para evitar que nada se filtrara, lo escondió en el bolsillo de su pantalón.

En ese momento, se alegró de tener dos vertientes de información: la agencia y el círculo secreto de Figueroa.

# 25

**Hermanos**
**Abril 2016**

Una persona salía del comedor de la empresa.

Halley Manfree se dirigió a la sala de realidad virtual. Desde su regreso con Ezequiel, Paul deseaba viajar a varios puntos del planeta. No paraba quieto desde el día en que pudo dejar la silla de ruedas. Quería ver mundo, quería ver en primera persona aquellas imágenes de los documentales y los libros. En Sudáfrica había practicado con los hologramas, pero no era suficiente. Quería vivirlo en primera persona. Desde que ella había despertado y él podía andar, se habían hecho inseparables.

La puerta estaba cerrada. Los mayores les habían indicado que pusieran la mano en el sensor de la pared para acceder a cualquier habitación. Allí estaba su hermano. Miró la decoración de las paredes y descubrió que había escogido el paisaje milenario de Egipto. Una inmensa pirámide se alzaba ante ellos. Una de las características que le gustaban de la empresa era las dimensiones de las habitaciones.

Paul caminaba de manera automática hacia su entrada.

—¿A dónde vas?—preguntó Halley.

Paul le hizo una señal para que le siguiera, accedieron por la entrada y la habitación se transformó otra vez: un sarcófago apareció delante ellos. Paul tocó su superficie. Un juego de líneas apareció en la cubierta y las paredes se iluminaron mostrando una colección de símbolos. Halley se acercó a la pared y los estudió detenidamente. Se dio la vuelta y vio que Paul estaba en trance.

Desde una de las oficinas, Melinda fue testigo del paseo virtual de los hermanos a través de una pantalla.

—¡Egipto! ¡En la habitación! Que original.

Elizabeth visitó a su compañera y observó a su amiga mirando el monitor. Sacó sus gafas del bolsillo de su blusa y se animó.

—Hace tiempo que no voy—respondió Eli. Varios símbolos referentes al libro aparecieron en la pantalla. Las compañeras se pegaron al cristal y no parpadearon—. ¿Cómo sabe eso?

«Los hermanos recorrían un pasillo llevó de ilustraciones y jeroglíficos. Varias antorchas se iluminaron a medida que caminaban. Llegaron a una intersección y el diseño del pasillo cambió completamente y, a su vez, los jeroglíficos se intercambiaron por otro idioma totalmente diferente».

—Ya sabes, según el informe su padre bilógico fue el primero en tocar el libro y murió después de transmitirle sus conocimientos. Después de eso, el General lo adoptó.

—Eso ya lo sé, pero ¿cómo es que el programa conoce esos símbolos? Paul no sabe programar.

—Su caso también es extraño. Míranos a nosotros. Visionarios por accidente y en nuestra sangre tenemos una vacuna experimental. No te comas la cabeza—Le sonrió para animarla y le puso la mano en el hombro—. ¿Bajamos?

En la planta inferior, las dos compañeras accedieron a la sala. Para su sorpresa, el último tramo del pasillo se había vuelto a transformar. Conocían ese sitio. Aparecía en el libro, en las primeras páginas. Un salón, de estilo aristócrata, lleno de columnas con símbolos tallados.

—¿Crees que la psique de Paul se ha conectado con el ordenador? —susurró Melinda.

—En este sito me creo cualquier cosa—respondió Elizabeth.

«Al fondo de la habitación, un trono dorado y una larga alfombra que conectaba a un gran ventanal. Los dos hermanos se encontraban mirando por el cristal. Por acto reflejo, escucharon la conversación y les hicieron un gesto para que se acercaran. Fuera de la ventana, al otro lado, había una plaza con la estatua de una persona».

—¡No puede ser!—exclamaron Melinda y Elizabeth reconociendo la identidad.
A través de su micrófono, recibieron un mensaje.

«Pronto iniciaremos la reunión. Terminad lo que estés haciendo».

# 26

**Triangulación**
**Abril 2016**

Los tres científicos ultimaban sus cálculos: Alexei colocaba las tres terminales del aparato en el hangar para realizar la prueba, Otto comprobaba que las fórmulas no les enviaran a un destino no deseado e Inesh aseguraba el campo de fuerza para protegerles de acabar desintegrados.

—¡Más te vale no equivocarte!—Se escuchó en la habitación.

—¿A quién te refieres?—preguntó Otto distinguiendo el acento ruso de su compañero—. ¿A quién tiene hacer hermético el área o al que se encarga de la seguridad?

—¡A los dos!—Alexei no quería discutir—. Para el viaje, ¿preferís un entorno relajante o lo dejamos tal cual?

Dentro del perímetro habían colocado tres sillas y un generador de energía para alimentar el circuito. Una mesa con comida y un reloj acompañaban el experimento. Alexei activó el sistema y se sentó en su sitio.

—¿Ya estas descansando?—Su compañero agarró el bol de palomitas—. Te veo muy relajado para estar a punto de teletransportarte fuera del edificio.

—Solo vamos al ático—respondió el ruso cogiendo un puñado del bote.

—Y también vamos a desmaterializarnos y a atravesar toneladas de piedra y hormigón. En serio, ¿cuál es tu secreto?

—Confió en ti—sonrío a su compañero—. No necesito garantías—Inesh se acercó—. ¿Ya has terminado?

El compañero se sentó y seleccionó un paisaje cálido en su tableta electrónica. Una explanada de arena les rodeó, pequeños cangrejos se acercaban a su posición.

—Se supone que no habrá interferencias entre tu campo de fuerza y el proyector que has acoplado para hacer más ameno el viaje—Otto intentó sortear los cangrejos sabiendo que no eran reales—. Quiero aparecer entero.

Los tres amigos se relajaron con el aperitivo. Alexei encendió la red y un oleaje electromagnético les envolvió. La burbuja se volvió opaca. Los cangrejos continuaron paseando por la playa y uno de ellos cavó un hoyo.

—A veces tengo dudas de si lo que veo es real o sólo una fantasía—murmuró el matemático observando cómo se creaba un foso alrededor suyo progresivamente capa a capa— ¿Falta mucho?

Un rayo de luz penetró la burbuja. El oleaje de ondas disminuía su fuerza. Sin darse cuenta, aparecieron encima de la pista de aterrizaje.

—No te has complicado mucho—susurró el físico a su colega ruso.

El cielo estaba despejado y tuvieron la oportunidad de apreciar una imagen panorámica de la ciudad.

—Lo que importa es que funciona—Aleksei se levantó. El cangrejo huyó por el tejado. La proyección continuaba funcionando en el exterior—. Ahora podremos mover material más rápidamente. Le ahorraremos millones a Yamata en gasolina y tramitaciones para sus cargueros.

Una voz familiar les dio una orden. La imagen de Rod se había proyectado en el tejado y se presentaba muy serio.

«Pronto iniciaremos la reunión. Terminad lo que estés haciendo»

Aleksei buscó por la pared y encontró lo que buscaba.

—Luego se queja de que le llamemos paranoico. ¡Ha plagado todo el edificio de sensores!—miró el suelo y señaló uno—. Por eso el cangrejo continúa caminando, ya me extrañaba que durara tanto. Te sigo diciendo que a veces tengo mis dudas de si lo que veo es real o sólo una fantasía—dijo Otto en voz alta perdiendo de vista el crustáceo por la cornisa—. ¡Todos los días lo mismo!

Inesh Lazard le dio una palmadita a su compañero matemático

—Es lo que nos ha tocado vivir, querido amigo—respondió y, a continuación, cogió un puñado de palomitas y se las metió en la boca.

Ж Ж ЖЖ Ж Ж

Rod inició la reunión.

La habitación había recibido unas reformas de última hora. Chasqueó los dedos y el centro de la sala se llenó de imágenes proyectadas en el aire.

—Damas y caballeros, llevo trabajando en el software que de vida a este gigante los últimos tres años.

Todos quedaron atónitos. Alexei levantó la mano tímidamente.

—¿Qué cojones es eso?

—Eso amigo mío es el último proyecto de nuestro exjefe desaparecido, Stuart Manfree—Sus compañeros trataron de asimilar la proporción de la figura comentando comparaciones—. Al principio pensé que era un proyecto excéntrico, sin posibilidades, ya que usaba recursos demasiado caros. Tras observar los adelantos tecnológicos de los últimos años, he descubierto que tiene viabilidad. Os presentó el mayor laboratorio de telecomunicaciones del mundo.

Todos sus compañeros observaron las diferentes imágenes proyectadas. Recuadros individuales indicaban la especialidad dedicada de cada área de la nave.

—¿Eso es un laboratorio? ¡Pero es enorme!—respondió Elizabeth—¿Sabes el capital económico que requeriría todo eso? Y sé de lo que hablo.

—Como habéis comprobado desde vuestro regreso, he actualizado todo el sistema. Revisando los discos duros, descubrí un sector clasificado y usé el programa «Sysco» para desencriptar la información que me llevó a ese descubrimiento. Y tras su efectividad, procedí con el programa androide.

—Es un honor estar aquí hoy—respondió Sysco—. Es interesante tener un cuerpo físico. Ofrece otra perspectiva.

—A ver, si esa sección es de telecomunicaciones—señalo Otto—, y eso otro es ingeniería. ¿También quería fabricar antenas?

—Y eso otro es robótica, si no me equivoco—respondió Alexei.

Rod asintió. Realizó un gesto en el aire y un panel virtual se proyectó frente a él. Las imágenes se desplegaron a lo largo de la mesa.

—Por lo que parece, cada uno de vosotros tiene su propia sección. Investigación, desarrollo y nuevas aplicaciones—Rod gesticuló con la boca—. No me preguntéis por qué, pero es así. Algo tendría en mente en su momento.

Todos se habían dado cuenta del gesto de Rod.

Elizabeth le imitó y desplegó otro panel. Seleccionó una opción y apareció un teclado. Introdujo su contraseña y apareció una representación del planeta con varios puntos rojos.

—Lo que me imaginaba—respondió—, una base de operaciones tan grande requiere de un sistema de comunicaciones particularmente muy extenso. Es decir, todo el planeta. Eso que veis, es una red global de satélites.

—¡Veo que has estado ocupado!—insinuó Melinda sorprendida.

—Como director en funciones y responsable de la seguridad, tuve que asumir el mando de la empresa. Hubo muchas reuniones con D.A.R.P.A… Una especie de acuerdo. Colaborar en la investigación, prueba de polígrafo, etc...—Se tocó un implante que tenía bajo la oreja—. Como no sabía nada, no obtuvieron ninguna prueba. Hace unos meses, después de una charla en la O.N.U., por accidente, un satélite gubernamental se estrelló contra el campo de fuerza de Inesh.

—Sysco nos envió un informe—respondió Alexei fijándose en su gesto de la oreja—. El chico Stevens fue una caja de sorpresas. El general murió y Stuart desapareció en una máquina. Todo fue muy Curioso.

—Creí necesario informar al resto del equipo—respondió Sysco—, en caso de que algún agente de la ley les interceptara en algún aeropuerto.

Todos se quedaron en silencio. Había un asiento vacío en la sala. Alexei decidió hacer la pregunta.

—¿Dónde está Ezequiel? Creía que vosotras dos—miró a sus compañeras—habíais estado con los chicos antes.

—Respecto a eso—respondió Melinda jugando con sus botas—, tenemos una cosa que contar...

La puerta de la habitación se abrió. El compañero había llegado.

—Perdón por el retraso. Tenía una charla pendiente—En su cuello llevaba un brazalete. Observó que la reunión estaba avanzada—Continuad por favor.

Elizabeth tomó la palabra.

—Como encargada de materiales y, técnicamente de las compras de esta agencia, me gustaría saber—señalando al cuello—, si eso es parte de esas colaboraciones.

Ezequiel y Rod sonrieron.

—Te refieres a los implantes. Son parte del nuevo sistema de cooperación de D.A.R.P.A. En resumen, saben que tenemos patentes muy avanzadas, no se esperaban la jugada del general del control mental en esa mujer ni el uso práctico de las balas teledirigidas, de modo que a cambio de darnos un poco de manga ancha, quieren que compartamos ciertos avances que hagamos relacionados con ellos—Señaló la oreja—. Un chip informático se instala en la retina y, a través de una conexión bluetooth, el usuario puede acceder a un servidor en D.A.R.P.A. con acceso a datos: documentos, fotografías y archivos de video, por el momento. Para que sepáis, ellos también van a usar este sistema.

—El ciberpunk ya es una realidad—dijeron Alexei y Otto chocándose la mano—, y por curiosidad, ¿de dónde has sacado las patentes?

—¿Tú de dónde crees?—respondió cruzándose de brazos.

Rod imitó los pasos de Elizabeth y recreó un teclado virtual. Accedió a un archivo del servidor de la empresa y lo proyectó en la mesa. Las páginas de un cuaderno mostraron varios dibujos.

—Y todos nosotros…—Melinda se enderezó— ¿Tendremos que ponérnoslo?

Todos miraron a Rod.

—Tarde o temprano, sí. El nuestro es una versión Beta—Todos miraron dubitativos—, y además e instalado el firewall de la empresa, con lo cual estamos protegidos—Todos suspiraron aliviados—. Fue una de las condiciones que les impuse. ¡No penséis que nací ayer!—respondió dibujando una sonrisa—. Además tendremos nuestro propio servidor para poder enviarnos información allá donde estemos en tiempo real. Será una buena manera de que todos estemos conectados.

Los compañeros comentaron entre sí. Rod le hizo un gesto a Ezequiel para que utilizará el implante.

—No has comentado esta función—insinuó Ezequiel.

El implante recreó una habitación virtual con varias comodidades y los dos compañeros aprovecharon el momento para mantener una conversación.

—Preferí guardármelo y usarlo contigo. Así podemos hablar. Sé que los chicos han estado en la sala de realidad virtual. Paul está completamente nuevo. Tu dispositivo funciona de maravilla.

—Sí, me llevo más de un año hacer la versión beta. Primero lo probé en cobayas con parálisis degenerativa. En resumen, el enlace provoca microráfagas eléctricas para recomponer las sinapsis del cerebro. Piensa que el sistema nervioso funciona con impulsos eléctricos. Luego lo probé en Paul y el resultado es evidente.

—Cuando llamé a la casa, Halley estaba despierta. ¿De verdad funcionó la terapia de sueño? Nadie le daba esperanzas.

—No tenía nada que perder por intentarlo. En parte, Miw me ayudó, ya que es la experta en esas materias hasta que logró resultados, yo hice varios análisis, una cosa llevo a la otra y establecí un tratamiento… Y funcionó.

Las chicas se miraron entre sí, su actual jefe y Ezequiel estaban muy quietos. Melinda accedió a su teclado y buscó la recreación virtual de Paul. La pirámide se materializó en la sala. Los hombres miraron absortos.

—Muy bonito—respondió Otto—, sabes que, además de matemático, me encantan la arquitectura egipcia y los números áureos, pero… ¿Por qué pones esto?

Paul y Halley aparecieron en la representación entrando en la pirámide. Accedían al interior y Paul se acercó a un sarcófago.

—En serio, Melinda—comentó Alexei—. Me alegro que los chicos estén aquí y completamente sanos, pero…

—¡Prestad atención!—ordenó su compañera.

Paul entró en trance y una colección de símbolos apareció por toda la habitación.

—¡Qué diablos!—Alexei se levantó. Sus compañeros le imitaron.

Ezequiel notó un pequeño cosquilleo y sin darse cuenta acabó entrando en trance viéndose obligado a desconectar la conexión virtual con Rod.

—Ezequiel, ¿estás bien? —preguntó su compañero. Contempló la habitación y vio a todos observando la nueva proyección. El menú de Melinda estaba activo.

—En mi defensa—dijo subiendo el tono—, antes de que comentaras lo del implante, me habías interrumpido—Elizabeth lo confirmó. Rod pidió disculpas y sus compañeros la prestaron atención—. Antes de venir, Eli y yo estuvimos con los chicos en la sala de abajo y creemos que el subconsciente de Paul o su psique interaccionó con el simulador dando como resultado esos símbolos que todos conocemos del libro. La pregunta es, ¿cómo lo ha hecho?

Ezequiel notó las miradas de todos. Tenía la mirada perdida en los símbolos y entonces se le abrieron los ojos.

—¡Eureka! Pues claro—Todos estaban impacientes—, te lo acabo de contar por el sistema virtual.

Todos lanzaron miradas interrogativas.

—El implante incluye una función de comunicación virtual—aclaró Rod.

—Yo también lo quiero—dijo Alexei.

—¡Y yo! —dijeron el resto.

—Ezequiel, si no te importa—insistió Rod que tenía otra hipótesis.

—Los impulsos eléctricos de su diadema cerebral—señaló el aparato que se veía en la imagen—. Puede caminar gracias a la estimulación eléctrica de su sistema nervioso. Al ser un sistema electrónico y como su cuerpo posee, digamos, esa esencia mística por el evento del meteorito, es posible que sus pensamientos se hayan filtrado por los sensores del artefacto a los sensores de la habitación y, de alguna manera, se han proyectado los símbolos que recibió en los años sesenta en su cabeza.

La grabación continuó y la habitación cambió a un salón aristócrata. Los chicos caminaban hacia la ventana y se veía como ellas también se acercaban.

—En ese momento se dio cuenta de nuestra presencia—argumentó Melinda—y nos pidió que nos acercáramos. Y entonces vimos eso.

La imagen avanzó y vieron el gran ventanal. El otro lado, el exterior, se recreó en la habitación y en medio de la mesa apareció una estatua.

—No puede ser—dijo Inesh— Entonces… ¡Es cierto! Nuestras suposiciones eran ciertas.

—Es más—completó Rod—, tengo otra hipótesis que completa por completo la tuya—A Ezequiel se la dilataron las pupilas—¿Recordáis donde está guardado el libro?—Al principio no entendieron la pregunta, después miraron hacia el suelo—. Exacto, su recipiente está bajo la superficie de la mesa, y en el piso inferior está la habitación de realidad virtual. Es posible…

—Que el libro haya influido ante la presencia de Paul—explicó Ezequiel—y él, a través de su diadema, ha actuado de puente con los sensores de la habitación proyectando los símbolos y, de ese modo, ha recreado esa escena del libro.

—¡Brillante!—Aplaudió su compañero—. Acabamos de crear otro campo de investigación en la realidad virtual. Y aprovechando este momento, todos deberéis poneros el implante cibernético, ya que vamos a estar ocupados durante mucho tiempo. Se levanta la sesión hasta nuevo aviso.

# 27

## Homólogo

Las luces del almacén seguían apagadas. Un sensor se iluminó. No había ninguna presencia alrededor pero el panel del contenedor se encendió. Una ligera bruma surgió de su interior.

La pantalla interna se encendió y una advertencia apareció: «sesión no programada». Un pequeño sensor escaneó los ojos del clon de Stuart. Los sensores del contenedor se activaron y proyectaron todo tipo de menús y escáneres fisiológicos. El mensaje de la pantalla desapareció y lo sustituyó el logotipo de una empresa. El clon de Stuart movió los hombros y estiró los brazos para abrir completamente el contenedor.

Los ojos del humanoide se abrieron y observaron una gran «T» en la pantalla.

—¿Qué ocurre?—La imagen volvió a cambiar y una persona apareció—. El viejo asiático—dijo su voz grave—. Me acuerdo de ti ¿Quién diablos eres tú?

—No nos han presentado formalmente—respondió la imagen—. Tu antiguo jefe y yo éramos muy buenos amigos, incluso socios. Es más, yo fabriqué ese contenedor donde estás ahora—Stuart abrió y cerró las manos e intentó levantarse—. Espera—Stuart se detuvo—¿Sabes por qué has despertado?

Stuart comprobó la fecha de la pantalla. Recordaba la sesión anterior. Apenas habían pasado dos semanas. Era muy temprano.

—Soy todo oídos.

—La persona responsable de que estés despierto hoy pertenece a la empresa. Además, trabaja para mí. Es muy sencillo. Dicha persona introdujo un troyano en el sistema y cuando el doctor inició la última sesión, dicho programa se activó cambiando el calendario.

—Y por eso usted está en la pantalla hablando conmigo

—Veo que el estado de éxtasis no afecta a tu sentido del humor, Stuart. Hoy estoy aquí para anunciarte lo que va a ocurrir ahora. Vas a levantarte y vas a ir al piso de arriba por un teletransportador que hay en el pasillo. Segundo, vas a acceder al ordenador central diciendo «Sysco» en voz alta e introducirás el código de tu homólogo.

—Lo siento, desconozco el código. Siento chafarle el plan.

—Yo sí lo sé. «Sigma-10786-Eco[19]». Ahora, levántate y camina.

Tras salir del almacén y meterse en el teletransportador, apareció en el pasillo principal. Dos puertas le separaban de su misión. Accedió al interior de la habitación, pasó la mano por los respaldos de las sillas y siguió órdenes: «Sysco».

Una pantalla holográfica se proyectó en el centro de la habitación.

Stuart introdujo su contraseña. Dos pantallas extras se añadieron a cada lado. A la derecha, apareció el socio asiático y, a la izquierda, varias imágenes.

—Gracias por darme acceso directo—respondió la voz. Los videos del almacén se borraron—. Esta parte esta arreglada. Proseguimos con tu misión.

—Exactamente, ¿qué debo hacer y por qué debo hacerle caso?

—Porque lo que te voy a enseñar lo inició tu homólogo y, por si no lo sabes, desapareció hace tres años. Pero algo me dice que regresará en un par de años.

—¿Y por qué he de creerle?

En la otra pantalla apareció un video de su homólogo: Stuart Manfree.

---

[19] Código que Stuart utiliza en L.A.I.C.A. en «La llave de la eternidad».

«Hola querido hermano. Sí, he dicho hermano, porque somos iguales, genéticamente hablando. Supongo que habrás conocido a este socio, el señor Jayden Yamata. Hemos estado esperando el momento adecuado para enseñarte lo que vas a ver ahora. Antes de desembarcarme en una máquina creada por D.A.R.P.A. y el cuaderno del señor Nikola Tesla, estuve diseñando un mundo virtual muy ambicioso. Por desgracia, no me dará tiempo a completarlo. Es imperativo terminarlo. Tú posees los mismos conocimientos que yo, sólo necesitas leer un libro. Si presionas el azulejo del centro de la habitación, lo entenderás».

El clon siguió instrucciones y una delgada columna ascendió con una vitrina de cristal. En su interior había un libro de apariencia antigua. Lo cogió con cuidado y lo depositó en la mesa. Jayden Yamata observó el legendario artefacto.

«Ahora ábrelo por el principio y no te asustes».

Stuart, sin muchas ganas, abrió el libro por la primera página. Estaba en blanco. Antes de poder quejarse, una luz surgió de las páginas. Dio un paso atrás pero sus ojos quedaron eclipsados y su mente se sumergió en otro mundo. Una ciudad, con sus edificios, plazas, población y exteriores. Jayden Yamata siguió la trayectoria desde la versión digital de los servidores de la agencia.

Stuart despertó de la visión.

—Ha sido…increíble. ¿Qué es ese lugar?—tocó las páginas con los dedos—. Tendría que acceder muchas veces para revisarlo, y no creo que me lo permitan

«No te preocupes. Por estas fechas el edificio estará vacío por las vacaciones de primavera. Podrás trabajar tranquilamente. Además, en su momento cree una conexión del ordenador central de Astratech a tu pantalla del contenedor. Recuerda que yo estuve dirigiendo la empresa hasta hace pocos años. Ahora serás tú el que controle el calendario. ¿Lo entiendes? Eres una pieza clave para lo que sucederá en unos años.

Un día, en el futuro, si mi plan funciona y acierto en lo que es esa máquina de D.A.R.P.A., Jayden Yamata recibirá un mensaje con unas coordenadas[20] provenientes de su propio cielo».

—Supongo que habrá que ser pacientes—Acercó los ojos de nuevo a las páginas vacías del libro y se mantuvo unos segundos atrapado en esa luz translúcida. Al despertar, accedió al ordenador y buscó los archivos de Stuart Manfree. Como le dijo, él poseía sus mismos conocimientos. —«Proyecto Matriz» Debe ser esto. Había un expediente enlazado al archivo. La fotografía de su homólogo había sido suprimida y las huellas dactilares eliminadas—. Querido socio Yamata, tengo una pregunta. Si no existen las huellas dactilares de una persona, no hay forma de culparle, ¿verdad?

La imagen de Jayden Yamata sopesó la información y le dio la razón.

—Como se suele decir, si no hay pruebas, no hay delito.

---

[20] Capítulo 98 de La llave de la eternidad. Stuart envió un código cifrado desde L.A..I.C.A.

# 28

## Vigilante

Su amigo se puso a su lado y juntos contemplaron el horizonte. La vista montañosa era magnífica y el aire era totalmente puro.

—A veces me gusta aislarme un poco para relajarme. Demasiada tensión nunca es buena.

—Veo que tu estado ha mejorado—Se fijó en su mano cerrándose la gabardina—. Tiempo atrás no podías ni empuñar un arma.

—Eso ya nunca sucederá. Créeme, mi jefe ha encontrado la solución

—Todo eso está bien, pero dime, ¿qué sabes que me pueda interesar?

—Lo primero, te agradecen la información que facilitaste. Segundo, Jack, sé que tu agencia sigue buscando esa fecha. Sólo te puedo decir que no creo en las casualidades—Se miró la mano—. Tengo la sensación de que el momento está cerca, muy cerca. Lo notó. Y sé de lo que hablo.

—No lo dudo amigo. Pero necesito algo más que sensaciones para certificárselo a mis superiores.

Daniel enseñó su pulsera.

—-Hace tiempo que llevo trabajando en restaurarlo pero no existía la tecnología ni los materiales para ello. Hace unos meses lo encontramos. ¿Recuerdas cuando te dije que algún día te enseñaría otro mundo? Mi tierra—empezó a reírse—. Me pusiste una cara muy desagradable.

—Y en el momento más inesperado, ese tatuaje que llevas se iluminó. Y hasta entonces he sido paciente.

—Y ese día ha llegado—Pasó la mano por la pulsera y se proyectó un menú arbóreo—. Añadir que éste no es un lugar cualquiera. Sabes perfectamente que la refrigeración es un gran requisito para cualquiera sistema informático.

Jack miró al frente y sólo vio una cordillera llena de nieve. No visualizó ningún sensor. Al pestañear, ese lugar mágico había cambiado. Daniel se dio la vuelta y caminó en dirección contraria.

—Por ahí te caerás, Jack—Le señaló con la mano—. El precipicio sigue estando ahí aunque no lo veas—Jack comprobó el terreno, donde parecía que había suelo, no lo había—. Pero hacia atrás tenemos toda la superficie que necesitamos. ¿Te apetece una visita guiada?

Un dron pasó por encima de sus cabezas. Ahora entendía todo. Miró al cielo, y aparte de ver edificios que nunca hubiera imaginado, un ejército de drones trabajaba para reproducir ese lugar.

—Impresionante—Fue lo único que puso articular. Un vehículo de diseño futurista le atravesó y siguió su recorrido.

—Ahora mismo estamos en el centro de la ciudad. Como puedes ver posee las estructuras cotidianas. Carretera, edificios, puentes, parques...

Un puente tubular apareció encima de Jack.

—Transporte magnético. Nosotros vamos a hacer las pruebas en pocos meses—Continuaron ascendiendo a un edificio por un ascensor exterior. La vista fue espectacular. Pero hubo un elemento que no encontró—. Es una tontería, pero no veo ninguna iglesia. ¿En tu mundo tenéis?

Daniel continuó por un puente que conectaba con un edificio.

—Cuando llegué a vuestro mundo, una de las cosas que investigué fue vuestra historia. Y encontré una curiosidad. Un punto de conexión. ¿Te suena la época de los mil años de oscuridad?

—¿Te refieres a la época de la edad media de nuestra historia, tiempo en el que la iglesia católica imposibilitó cuestionar los dogmas religiosos, no admitía crítica y adquirió un inmenso poder que trascendió el ámbito religioso?

—Pues esa época no existió de donde yo vengo—observó el paisaje recreado por los drones—¿Entiendes ahora porque te enseño esto?

Jack cayó en la evidencia. Esa era la respuesta a esa pregunta. Ese hubiera sido el resultado. Daniel señaló a una plaza y en el centro había una estatua con la imagen de Tesla. Jack vio interrumpida su visita recibiendo una llamada. Era Jim Mason.

—He de regresar, cláusulas del contrato—Se arremangó y mostró un obsequio—. Por cierto, dale a tu jefe las gracias por darme uno de estos—respondió programando el brazalete—, te ahorra bastante tiempo y dinero. Estamos en contacto amigo.

Jack desapareció.

Daniel continuó contemplando su ciudad, echó un último vistazo al horizonte. Había olvidado como era el límite de la ciudad. Un panel digital anunciaba una competición de velocidad. La imagen cambió y el avatar de su jefe apareció en pantalla. Otras dos pantallas se proyectaron en el cielo.

—Daniel, le estábamos buscando. Tenemos noticias gracias a su trabajo en Astratech—Daniel saludó desde su posición—. Tenemos noticias desde Astratech, conocemos el objetivo del clon del señor Stuart Manfree y hemos descubierto una nueva habilidad adquirida por el señor Paul Smutther, el hijo adoptivo del General fallecido. Depende cómo se mire, pueden ser buenas o malas noticias.

Daniel se sentó y con su pulsera abrió otra pantalla donde traspasó la competición. No estaba dispuesto a que le estropearan el momento.

—¿Algo de lo que me deba preocupar?

—El clon tiene acceso a tu libro y las mismas habilidades en programación que su homólogo Stuart, y el hijastro del general puede proyectar tu idioma ancestro con su diadema de la cabeza.

Daniel procesó la información.

Realizó un movimiento brusco con la muñeca. Habían conseguido estropearle la tarde. Todo el paisaje futurista se desmaterializó progresivamente y regresó al panorama montañoso en el que se encontraba. Su tatuaje se iluminó, ya no era debido al tratamiento. Habían conseguido enfadarle.

—Tendremos que desarrollar un plan de acción. Un ataque sorpresa Cuando llegue el momento me encargaré personalmente—Se levantó suavemente y caminó hacia el precipicio—. No pienso permitir que utilicen mi ciudad para sus proyectos. Estén atentos a todo lo que suceda ahí dentro.

Daniel se despidió y el señor Jessup cerró la conexión.

Los miembros del Círculo esperaban a su cuarto integrante. Se entretuvieron contemplando la recreación digital. El señor Jessup comparó los diseños que tenía a mano con el trabajo que habían logrado los últimos diez años. La mujer apareció y confirmó la entrega del paquete.

—La secretaria conoce la gravedad del asunto y sabe que debe evitar que otra empresa se agencia el proyecto—explicó la mujer soltándose la melena—. No tendremos más noticias hasta que suceda lo que debe suceder.

# 29

**Sorpresa**
**01 de Mayo de 2016**

El hangar de pruebas había sido vaciado.

Necesitaban poder moverse con total libertad para comprobar cada sección de la nave a escala real, lo más detalladamente posible.

—¡Todos listos!—anunció Rod—. Ya está terminada la simulación. ¡No hay ningún fallo! Es perfecta. ¡Lo hemos logrado!—Acto seguido dio la orden— ¡Os presento el mayor proyecto de telecomunicaciones del mundo!

Por arte de magia, una estructura inmensa acaparó toda la habitación. Era espectacular. Su diseño diferente a todo lo conocido. Podían ver el caparazón del enorme portaaviones en primer plano. Sabían que sólo era un holograma, una imagen que sobrepasaba la realidad, pero parecía que lo podían tocar.

—Es como el cuadro de la creación de Adán—comento Melinda—. El hombre y Dios intentan tocarse, pero no lo consiguen—Nadie hizo comentarios ni chistes fáciles—. Vaya…—Miró a sus compañeros—. Veo que estos años han sido para mejor.

—Hemos madurado—respondió Alexei disfrutando del momento—. ¿Y cómo se supone que se va a construir? Porque sólo se me ocurre una manera.

—Exactamente, compañero—Rod cambió la perspectiva de la proyección y mostró el interior—. El señor Yamata está muy interesado en el proyecto y está dispuesto a colaborar con mano de obra robótica. Nosotros imprimiremos todas las piezas tridimensionalmente. Así abarataremos costes y tiempo. No debería llevar más de un año.

Una a una, la proyección mostró cada una de las secciones del que sería el mayor laboratorio de telecomunicaciones del mundo encubierto como un enorme portaviones aéreo.

—¿Y el motor?—preguntó Alexei.

—Ya lo tenemos—respondió Elizabeth—. Está en ese gran contenedor del fondo. El que tiene la letra «T».

Elizabeth describió su contenido y Alexei no salió de su asombro.

—¿Habéis conseguido un motor de fusión fría Tokamak[21]?—preguntó Alexei discrepando.

—Cortesía de nuestro amigo asiático—respondió Elizabeth—. Te recuerdo que el General y él eran socios en muchos sectores y hobbies—Se arremangó la chaqueta y mostró un brazalete. Una pequeña pantalla se proyectó en el aire y realizó una orden. Rod sonrió. Había sido una buena idea mandarles uno a todos.

Un pequeño ejército de robots apareció al fondo del hangar y transportó el contenedor con la enorme «T» hasta el centro de la habitación. Un recipiente de forma cúbica de cuatro metros de lado. Ellos, por su lado, se dirigieron tras una ventana de seguridad para realizar una prueba funcional.

—Es incluso más ligero que el original de Francia—comentó Elizabeth—. Cómo han conseguido hacer más ligero 10.000 toneladas de semiconductores magnéticos... No lo he preguntado.

—Ese no habría servido, demasiado peso—remarcó Rod—. Lo que importa es que funcione. Al fin y al cabo, será el corazón de la máquina.

—Deus ex machina[22]—murmuró Alexei—. Creo que le viene como un guante, ¿no creéis compañeros?

---

[21] Tipo de motor de fusión fría.

Todos estaban contentos con el trabajo. Todos habían desempeñado su parte. Habían hecho falta tres años para organizar y limpiar la imagen de la empresa.

Detrás de la ventana, Rod se puso a los mandos principales. Alexei se quedó como una estatua en primera fila. Las chicas, cada una en una esquina, observaban como el pequeño robot desmantelaba el contenedor y sus paredes se abrían hacía los lados. Ahí estaba el corazón de la bestia. Inesh y Otto, los cerebros detrás de las operaciones de electromagnetismo y matemáticas, vigilaban los monitores que había en la sala. Necesitaban comprobarlo con números.

—¡Dale caña, Rod!—Le animaron sus compañeros.

Era la hora.

Los gráficos de los monitores empezaron a interaccionar. En la pantalla principal se podía observar una imagen térmica del interior del motor. Los diferentes monitores mostraban todo tipo de análisis (electromagnética, energética, radiográfica…). Todo iba bien.

«5%... 10%... 20%... 35%».

Los sensores de electromagnetismo cobraron protagonismo. El motor comenzó a cobrar vida.

—Ahí está. ¡Funciona!—Señaló Rod.

Ondas electromagnéticas surgieron en su interior. Los monitores recopilan miles de datos al mismo tiempo. Funcionaba perfectamente.

—Deus ex machina—volvió a repetir el gigante ruso.

Pero algo cambió. Las frecuencias fluctuaron. Los datos se salían de las gráficas. La barra de proceso llego al 50%.

—¿Qué sucede?—preguntó Rod nervioso.

Inesh y Otto revisaron los números. Aquello que estuviera ocurriendo no debería ocurrir.

—Esto no es lógico—dijeron los dos compañeros—. No es natural.

---

[22] Expresión latina que significa « dios de la máquina ».

La barra de proceso sobrepasó el 50%.

Todos los sensores, incluidos, los del hangar, se volvieron locos. Todos se sobresaltaron. Una imagen empezó a formarse en la pantalla. Una nube roja apareció en el monitor térmico, un espectro luminoso en el monitor energético y un rango de frecuencias sin sentido en el electromagnético. Nadie sabía lo que era hasta que una figura empezó a formarse en el interior.

Rod tuvo una corazonada.

—Inesh, necesito que entres ahí, cojas lo que encuentres y te teletransportes al laboratorio de Ezequiel, ¡ya!—ordenó el director de Industrias Astratech con toda su autoridad.

Rod confiaba en su intuición, era un instrumento que pocas veces le había fallado. En el libro, su sección de telecomunicaciones era muy extensa ya que abarcaba todo lo referente a ello. Y una imagen le llegó a la cabeza.

—¡Rod!—gritó el ruso. Alexei se había asustado, pero mantuvo la compostura. Miró por la ventana y, después, de nuevo al monitor—¿Tú sabes que hay ahí dentro?

—¡Lo sabía!—Todos se le quedaron mirando. El panel mostraba 80%—. ¡Era cierto! Creía que era un fallo del libro... Pero eso, quedaba descartado, por supuesto.

Inesh se le quedó mirando. Había algo que Rod sabía sobre electromagnetismo que él no sabía.

—¡Explícate!—insistió su compañero apoyándose en la pared con los brazos cruzados—. Me muero por saberlo.

Pero no había tiempo que perder. «90%». Presionó otro botón y un armario se abrió en una pared.

—Luego te lo explico. Ahora coge el traje y sácale de ahí. Ahora todo tiene sentido.

¿Sacarle? Nadie entendía el mensaje. ¿Una persona?

—¿A quién te refieres?—insistió Inesh mientras se metía dentro del traje lo más rápido que podía.

—No hay tiempo, 95%—dijo recobrando la compostura—. No sabemos qué ocurrirá cuando llegue a 100%.

Alexei se giró y le hizo un gesto a su compañero para que saliera.

—Rod, compañero—Alexei puso orden—. Sabemos que cuando pones esa cara es porque sucede algo importante, pero ahora nos tienes a todo acojonados—miró por la ventana y observó cómo su compañero se acercaba al reactor hasta un acceso manual. Rod tenía los ojos como platos y sonreía cómo si hubiera encontrado un tesoro milenario.

# 30

## Oscuridad

Ausencia de luz. Una burbuja silenciosa. Un cosquilleo en el espacio abierto. Un halo de vibraciones. Nada. Única y pura oscuridad. El origen de la creación. Pura energía

Tenía los ojos abiertos pero era como si estuvieran cerrados. No sabía cuánto tiempo llevaba allí. Sólo. Esperando. Sentado o de pies. Era irrelevante. Esperaba un despreciable vacío de luz.

Látigos de electricidad empezaron a nacer de la nada. Intentaban decirle algo. Comunicarse.

Sus súplicas llegaron. La espera había valido la pena.

Una mota de luz apareció en el horizonte. Expectante, en posición fetal. Los músculos no reaccionaron, sólo los parpados de los ojos. Las neuronas comenzaban a procesar la información.

¿Dónde había estado? Era una buena pregunta.

Pequeñas manchas negras nublaban su vista. Todo proceso llevaba su tiempo. Pero el horizonte se expandía y con ello la luz. Sus extremidades cobraban vida. Podía notar su cuerpo. Un pequeño latido.

Estaba vivo. Parecía una ilusión.

Nacer, crecer y morir, ese había sido siempre el esquema de las cosas.

Los recuerdos fueron llegando. Desordenados. O eso creía. Imágenes borrosas aparecían y desaparecían.

Notó una fuerza. Extendió las manos y tocó algo. Algo etéreo. Algo invisible. Pero lo notaba. Podía tocarlo. Pero seguía sin poder verlo.

Su cabeza empezó a dolerle

Entonces ocurrió. Esa red de pulsos eléctricos le rodeó como si le abrazasen. Empezó a ver imágenes. Recordaba cosas: un barco, una persona, gente. Pero esas imágenes se transformaron en un lugar metálico y circular. Frío y extraño.

¿Dónde se encontraba ahora?

Ese campo eléctrico desapareció y en su lugar una persona le estrechaba la mano. No podía hablar y no podía moverse. Ya no estaba en posición fetal. Sentía el aire, sus músculos, su pelo, el latir de su corazón.... Lo sentía todo. Pero no tenía fuerzas, se sentía impotente.

¿Había vuelto a nacer?

# 31

## Nikola Tesla

100%.

Los gráficos regresaron a niveles normales. Lo que hubiera ocurrido ahí dentro, ya había terminado. No había peligro. La prueba había terminado.

—¿Y bien?—preguntó Alexei.

Inesh apareció en el hangar con un cuerpo en brazos. Era un hombre anciano.

—Siempre ha existido el rumor de que, en 1943, él desapareció en el experimento de Filadelfia—narró Rod—, aunque, es sabido, que el 7 de Enero de ese mismo año hubo un funeral en su nombre. A él se le acreditan las patentes y los inventos más vanguardistas y peligrosos con la electricidad. En el libro, venían los planos para que Inesh construyera su avión con el que fuimos a reclutar a Stuart hace más de veinte años. En el libro, venían las instrucciones para construir la torre Tesla que Stuart hizo en ese hangar en 1990. No fue hasta el 2000 cuando tuvimos los cuadernos de Tesla digitalizados. En 2013 perseguimos al señor Stevens por un maletín que contenían las legendarias tarjetas de energía de Tesla, las cuales se necesitaban para hacer funcionar de manera estable la máquina replicadora, cuyas pruebas en su ausencia, desembocaron en lo que está dormido un piso por debajo.

—Las máquinas provienen de los manuales—dijo Alexei mirando por la ventana.

—Pero la tecnología para su desarrolló proviene del libro—respondió Rod— ¿No veis la relación? La electricidad es energía. Ya conocéis la frase. «Ni se crea ni se destruye, se transforma». Transmisión de energía. Esa persona que hay ahí, ese anciano apunto de palmarla que ha aparecido por arte de magia en el interior de una bola electromagnética, es Nikola Tesla. ¡Y os lo voy a demostrar!

Encendió su brazalete y dijo una frase.

—Ezequiel, estés donde estés, ve a tu laboratorio y prepárate. Porque voy a mandarte ahora mismo un paciente. Colócalo en contención.

Rod le dio la última orden a Inesh

—Transpórtate al laboratorio y espéranos ahí.

Inesh desapareció al otro lado de la ventana. Todos quedaron estupefactos. Alguien había aparecido por arte de magia en el interior de un reactor.

Un minuto después, todos se colocaron al otro lado de la ventana de seguridad del laboratorio. Desde ahí podían observar el cuerpo de esa persona. ¿De dónde había venido? Y más importante ¿Cómo había llegado hasta allí? Rod decía que era Nikola Tesla. Necesitaban más pruebas.

—Todo en orden Rod, no te preocupes—dijo su compañero desde una cámara presurizada de seguridad del laboratorio—. Tranquilo, no hay peligro de radiación de ningún tipo. Todo se ha realizado muy rápido. Suerte que me has pillado aquí con los chicos.

Halley y Paul realizaban unos ejercicios en otra habitación. Prefería que no estuvieran delante para evitar cualquier posible interacción psíquica. Sus compañeros pudieron leer los análisis en el cristal de la ventana.

—Los análisis te van a sorprender, compañero—recalcó Ezequiel girándose hacia la ventana. La cara de Rod indicaba lo contrario—. O igual no. Efectivamente es terrícola. Su ADN es perfectamente normal. Y como os podéis fijar le he puesto un traje especial. Es un prototipo.

No tenía intención de usarlo porque lo tengo en fase de pruebas, pero el momento lo requería.

—¿De qué está hecho el traje?—preguntó Melinda, tenía curiosidad por el material.

Algunos de sus compañeros si lo sabían

—Es un pequeño proyecto en el que estamos varios metidos—Dedicando una sonrisa—. Es un biotraje especial, es decir, un traje de contención biología creado con nanotecnología. El señor Yamata estará satisfecho con el producto. Si observáis el cristal—Ezequiel se acercó, paso la mano por encima y aparecieron varias graficas e imágenes—, encontraréis toda la información sobre el señor Tesla—sus compañeros miraron a Rod—. Y sí, en efecto, Rod tenía razón. De una forma u otra, el universo ha decido que aquel señor desaparecido de 89 años de edad, apareciese dentro de un motor electromagnético en el futuro. ¡Qué ironía!

El equipo. La familia. Se encontraban en el laboratorio de neurología de Ezequiel. Todos miraban a través de la ventana que les separaba del hombre que creó el siglo XXI, la base de la tecnología electromagnética, la corriente alterna que iluminaba el mundo moderno. Estaba reposando en una camilla, dormido, sedado, con un traje de última generación para mantener sus constantes vitales controladas en tiempo real.

Entonces, despertó.

—Albert—dijo con una voz muy débil—, Albert…

Todos se miraron entre sí.

—Igual cree que sigue en esa época—dijo Melinda—. En 1943, sería lo más lógico.

Sus signos vitales se dispararon de nuevo.

—¿Qué ocurre?—Preguntó Rod nervioso—¿No se supone que ese traje le mantiene estable?

Ezequiel realizó un análisis rápido. Era lo que temía.

—Y así es. El problema no son sus constantes, si no su cabeza. Sus neuronas se han vuelto inestables. ¡Hay que estabilizarlas!

—¿Serviría un dispositivo como el que usaste con Paul en su momento?

La idea era considerable.

—Posiblemente. Además, ambos cerebros son únicos—observó su laboratorio—. En esa estantería, tercer cajón. Tráemelo, por favor—Rod abrió el cajón y dentro encontró un maletín—. Introdúcelo por la bandeja que hay debajo de la ventana. Del resto me encargo yo.

Dicho y hecho, sus compañeros fueron testigos de la superficie de metal apareciendo de la nada. Rod depositó el maletín y desapareció.

—Gracias.

Ezequiel extrajo una pulsera electrónica del maletín. Presionó un botón y se encendieron diminutas luces. Se acercó al anciano y se la colocó en el cuello. Poco a poco los números de la gráfica se estabilizaron. El paciente se volvió a dormir.

—Muy bien, damas y caballeros—Ezequiel hizo el gesto de tiempo—, el show ha terminado y el caballero debe descansar. Cuando despierte, serán los primeros en saberlo. ¡Buenas tardes!

Alexei, Melinda, Otto, Inesh y Elizabeth abandonaron el laboratorio. Rod se quedó un poco más de tiempo, siempre había tenido esa sospecha. El libro, los diseños, los planos, las anotaciones, la tecnología. Cualquiera no podía haber dibujado eso. Pero entonces. ¿Provenía del mismo lugar que el libo? Era una locura. ¿Y si no lo era?

Ezequiel salió de la habitación de seguridad y se dirigió hacia sus dos alumnos favoritos.

En la sala común, la presión se respiraba en el aire.

—Entonces, ¿Es cierto?—preguntó Melinda caminado por la sala

Inesh estudiaba desde su ordenador los datos obtenidos en el reactor.

—Es técnicamente imposible que haya sobrevivido ahí dentro. El cuerpo humano no está diseñado para ello.

—Pero se supone que había un campo magnético, ¿no?—preguntó Elizabeth uniéndose a la conversación.

—Aun así, teniendo en cuenta eso…—se recostó sobre su silla. Intentó recrear el campo magnético del brazalete de Rod dentro del reactor, pero aun así, la fuerza era demasiado extrema—. Estaba desnudo. Por el amor de Dios. Ni siquiera llevaba un traje.

—Bueno, hay que tener en cuenta quién es—respondió Alexei apoyado en la pared—. El rumor, proyecto secreto, conspiración, llamadlo como queráis, dice que desapareció con el buque. Si ha aparecido, es que ha estado en algún sitio… Todos estos 70 años—Se movió y se colocó detrás de Inesh para ver las simulaciones que su compañero realizaba—. Y Rod ha dicho lo del Libro. Mirad los vínculos.

Todos miraron al centro de la sala. Después a Alexei.

—¿Estas sugiriendo que el lugar que el general vio en su sección… Es donde ha estado Nikola Tesla? —preguntó Melinda incrédula.

—¡Pensadlo! Tiene sentido tal cual lo ha contado. Toda la tecnología proviene del libro. Materiales, sistemas, hardware, fórmulas, teoremas… nosotros simplemente hemos trabajado sobre ello y le hemos dado forma. Stuart—Hubo un pequeño silencio incómodo— dibujó la máquina replicadora y además, dibujó la existencia de dos tarjetas de energía, que coinciden con las que creó Nikola Tesla. Las que tenía el chaval. ¿Casualidad? ¿Coincidencia?

—Ya, bueno—respondió Elizabeth—ese dato es el único que mantiene esa teoría.

—Y ninguno aquí cree en las coincidencias. No desde que se unió a este equipo.

—Pero entonces—remarcó Inesh—, si suponemos que proviene del lugar que describió el general, alguien tuvo que enseñarle a encerrar información de esa manera—presionó un botón y proyectó holográficamente la versión digital del libro en el centro de la sala—. Eso no lo hace un científico del siglo XX, en el año 1943, en sus últimos momentos de vida.

El Libro. Estaban contemplando la versión que tantos años les había costado transcribir e informatizar desde los años 80. Los esquemas, fórmulas, diseños, arquitecturas, ingeniería, estrategias, materiales, polimerología, sistemas de energía alternativas... Una enciclopedia vanguardista del futuro en un único tomo.

—¿Hablamos de alienígenas? —bromeó Melinda

—No necesariamente—respondió Inesh—, ya había descartado esa idea. No sé vosotros, pero yo leí el informe de esa noche, la noche del meteorito... Es más probable que llegase desde una realidad paralela, pero eso no se pude demostrar...

—Creo que todos la hemos leído aunque nunca hemos hablando de ello—respondió su compañera.

—Me extrañaría que junto a ese meteorito no viniera alguna otra cosa. Se supone que la caja junto con el libro estaba en su interior...

—Es decir—respondió Alexei interrumpiendo a su compañero—, que alguien debió lanzarlo de donde fuera o asegurarse de que llevaba el rumbo correcto. ¿Qué se te ocurre? Tú eres el especialista en este caso.

—¿Por qué lo dices?—respondió Inesh sin ver la relación.

Alexei se apoyó sobre los hombros de su compañero y le susurró al oído.

—Porque ha llegado en una bola de energía electromagnética. Tu campo.

Las chicas se acercaron a su posición. Inesh se sintió acorralado.

—¡Regresar al laboratorio! Ha despertado—ordenó la voz de Ezequiel.

Inesh agradeció la llamada.

De regreso en el laboratorio, Ezequiel asistía al paciente fuera de la cabina de presurización. Algo había cambiado. Ya no era el anciano que vieron hace menos de una hora. Físicamente había rejuvenecido varios años. El doctor notó su presencia y les pidió que respetaran el espacio mientras le susurraba unas palabras al paciente. Entonces les pidió que se acercaran.

—Señores, señorías, aquí hay alguien a quien me gustaría presentarles. Caballero—dijo educadamente mirando a Nikola—, estas personas trabajan conmigo en este lugar. Son mi familia.

Todos saludaron sin saber cómo. Él reaccionó de manera natural.

—Su amigo—vocalizó lentamente—me ha comentado la situación. El año actual y lo que se supone que sucedió hace mucho tiempo. Que Albert ya no está, como es lógico…—Se quedó mirando a Inesh y torció la cabeza. Inesh pestañeó—Él es el físico, ¿verdad?—Todos se separaron un metro de su compañero—. Él me sacó de ese… ¿Ha dicho motor?

—Motor de fusión fría. El famoso proyecto que se intentó desarrollar durante la guerra fría y que nunca se consiguió—El paciente le miró confundido. Ezequiel se mordió el labio—Claro, no sabe nada de los acontecimientos sucedidos los últimos 70 años—Suspiró. Miró a sus compañeros y mantuvo la mirada perdida— ¿Le apetece verlo?

Todos pestañearon. Admiraban la naturalidad con la que le hablaba. Después cayeron en la cuenta de que Ezequiel era el único capaz de ver dentro de las personas. Poseía ese don.

Melinda entendió la intención.

—Realidad virtual—murmuró.

Nikola escuchó claramente esas palabras e intentó procesarlas.

—Joven, dígame—se miró las manos— ¿Tienen una especie de biblioteca de imágenes?

Todos admiraron su rapidez de deducción

—Algo parecido, caballero—respondió Ezequiel levantándose—. Creo que le va a gustar. Acompáñeme, por favor. Vamos a llevarle a otra sala.

Atravesaron el pasillo y alcanzaron la puerta de la sala de reuniones. Sysco apareció por la zona. Nikola le miró extrañado. Sysco saludó. Ezequiel abrió la puerta y entraron al interior.

—¿Eso era humano?—preguntó dubitativo.

—Tiene buen ojo, señor.—respondieron.

—Ordenador, muestra imágenes de los últimos años del mundo.

Alrededor de la habitación aparecieron decenas de imágenes y videos de todo tipo. Política, sociedad, economía, cine, música, paisajes, arquitectura, el espacio...

—Veo que llegamos al espacio—comentó Nikola.

Todos se miraron entre si de reojo.

Las imágenes fueron retrocediendo en el tiempo década a década. Guerras, cambios de gobierno, la bolsa, la informática, records Guinness, ciudades, celebraciones...

—Por curiosidad, no es que me importe, pero...¿Hay alguna mención sobre mí?—preguntó devorando cada imagen animada proyectada en la habitación—. Una vez, hace mucho tiempo, pensé en la idea de un mundo interconectado en forma de red.

Todos sonrieron al escuchar esa definición.

—A esa red, nosotros la llamamos Internet—Ezequiel cogió unas gafas y se las entregó en mano

—Internet...—murmuró—. Curiosa palabra—Visualizó las gafas que le habían traído—¿Para qué es esto?

—Le propongo un trato. Usted póngaselas y después me comenta. ¿De acuerdo? Sólo ha de fijarse en las indicaciones usando las manos.

Nikola le miró y luego al artefacto. Sonrió para sí mismo. Observó a la familia y les dio las gracias. Se sentó cómodamente en un sillón y se puso las gafas.

La familia de Astratech observó cómo movía las manos para usar los menús virtuales. Contemplaron los gestos de satisfacción, negación, susto e incomprensión que transmitían a medida que pasaba el tiempo e indagaba por la red.

—¿Me pregunto que estará viendo en estos momentos?—preguntó Inesh contemplando el milagro.

Melinda se acercó a su acceso remoto de la mesa y mostró un menú.

—Siempre podemos usar una pantalla remota para verlo—miró a su compañero—. Rod, por favor, di algo. Has estado callado todo el rato.

El director cerró el panel de Melinda con un gesto.

—Dejemos que disfrute en privado un rato, ¿no creéis?—Caminó hacia la puerta. Todos le siguieron uno a uno—. Hay mucho que debe mirar, comprender y asimilar. Como nosotros el primer día que nos abrieron los ojos. En este negocio hay que ser de mente abierta. Es la única regla.

—Energía, frecuencia y vibración[23]—fue lo último que le oyeron decidir mientras navegaba por la mayor autopista de la información creada por la mano del hombre.

ЖЖЖЖЖЖ

De vuelta a su despacho, una llamada llegó al brazalete del director en funciones. Roderick Schiff no sabía cómo responder a esa persona. Sabía que habían pasado varios meses sin informar de las mejoras en su sistema. Un informe redactado apenas unas horas atrás era la única información que la secretaría de estado Ellen Dugan poseía. Tenía un as en la manga. Mejor que eso, tenía una pareja de ases. Uno, el sistema informático definitivo para estampárselo en la cara a los burócratas de Washington y a la unión Europa. Y dos, a la posible mente que estaría

---

[23] Frase de Nikola Tesla: «Si quieres encontrar los secretos del universo, piensa en términos de energía, frecuencia y vibración».

al mando del mayor laboratorio tecnológico del mundo. No tenía que temer nada. Sólo buscar las palabras adecuadas y controlar su lengua.

—Buenas noches, doctor Schiff.

—Por favor, tutéeme Ellen. Ya nos conocemos. Espero que el informe haya respondido a varias cuestiones importantes y fundamentales para el futuro.

—Sí Rod, ha sido bastante revelador. Inesperado e impactante. Pero dígame, ¿Es cierto? ¿Ha aparecido? Entonces todas esas leyendas de un proyecto secreto... ¿Son ciertas?

—Lo vio hace tres año Ellen, leyó el informe del señor Stevens, creo que no hace falta preguntarlo, pero respóndame a una cosa. ¿Cómo está el tema de la O.N.U.? ¿Tengo opciones?

—Respecto a eso—la mujer sonrió—, dentro de un mes habrá otra sesión. No creo que haya problemas. Tendrá tiempo de aclimatar a nuestro invitado y de presentármelo antes del gran día. Tiene permiso de enseñarle el mundo exterior si lo desea.

Esa respuesta le agradó. Eran buenas noticias.

—Me alegro de oírlo—respondió Rod triunfador.

# SEGUNDA PARTE

## MEMORIAS

«El futuro tiene muchos nombres.
Para los débiles, es lo inalcanzable;
Para los temerosos, lo desconocido;
Para los valientes, es la oportunidad».
**Víctor Hugo (1802 – 1885)**
Novelista francés.

«Un sutil pensamiento erróneo puede dar lugar
a una indagación fructífera
que revela verdades de gran valor».
**Isaac Asimov (1920 – 1992)**
Novelista americano
Autor de la saga: «La Fundación».

# 32

## Primera generación
## Pensilvania, 1945

El secretario de defensa James Forrestal había recibido un mensaje urgente. Las coordenadas señalaban una localización secreta y conocida por un pequeño número de personas. Aparcó el coche en la parte de atrás del edificio y accedió por la trampilla del sótano. Sus zapatos tropezaron con largas extensiones de cable a medida que avanzaba. Un juego de escalones le llevó hasta una puerta blindada, presionó un botón en la pared y una cabina de metal se mostró detrás de la puerta. Su ánimo era positivo y esperó tranquilamente hasta que el ascensor llegara a su destino.

—Quiero ver esa sorpresa que me han prometido.

Delante de él observó a sus dos socios moverse por una gran habitación con varios armarios llenos de cables. Había sido un arduo trabajo y habían invertido varios meses en su traslado.

—He de indicar que esto es un prototipo—Señaló Daniel mientras interconectaba varios paneles llenos de medidores—. Ocupa demasiado espacio—Se secó el sudor de al frente—. Créame cuando le digo, que en el futuro, los ordenadores ocuparán la palma de una mano—Se movió de un lado a otro de la habitación—. Insisto en invertir en el desarrollo de semiconductores. Veintisiete toneladas y sesenta y tres metros cuadrados. ¡Esto es una locura!—analizó moviendo la cabeza a los lados—. Hace falta minimizarlo exponencialmente.

—Todo a su tiempo—El secretario Forrestal inspeccionó su gran inversión—. De momento, usted es el único humano que comprende cómo funcionan estos trastos.

—Más pequeño que la palma de la mano—respondió Morris Jessup, sentado encima de una caja de metal, disfrutando del momento—. Cada vez que recuerdo las imágenes que me enseñó en su pulsera, tengo más ganas de avanzar.

Daniel conectó la última válvula electrónica, se sorprendió a sí mismo de haber podido construir algo que para él era arcaico. Para tener mejor perspectiva se alejó varios metros para aproximarse a un escritorio donde residía un monitor conectado al monstruo mecánico de relés, diodos y transistores de la habitación. Forrestal observó la arquitectura con inquietud, había muchos millones de dólares invertidos ahí y necesitaba buena noticias.

—Denme una alegría, caballeros. ¡Sorpréndanme!

Daniel encendió la máquina[24] y se acercó a su compañero

—Tengo el gusto de mostrarle la primera computadora digital del mundo.

Al principio, la pantalla mostró varios líneas de código, después, aparecieron protocolos de control. Varias columnas llenas de palabras ilustraron el resultado.

—Impresionante. ¿Y dice que esto agilizará el trabajo administrativo?

Daniel sonrió ante ese comentario.

—Ni se imagina el nivel de procesamiento que alcanzarán estos pequeños. Podrán gestionar y trabajar con los datos de todas las organizaciones del planeta al mismo tiempo.

Sus dos socios se quedaron atónitos.

—Repítame eso, por favor—Las pupilas del secretario se dilataron—. ¿Podrían administrar información de gobiernos?

Daniel les observó sorprendido.

Aún se estaba adaptando a asimilar que las personas de esa época no

---

[24]ENIAC, Computador e Integrador Numérico Electrónico

conocían ni imaginaban el potencial de los ordenadores personales del futuro. Se acercó a sus compañeros y les tocó el hombro.

—Mis nuevos amigos, en el futuro los ordenador les harán todo el trabajo administrativo, estadístico, comparativo y todo lo que se puedan maginar. Hasta las relaciones sociales se recrearán a través de los ordenadores. Les doy mi palabra.

Forrestal proceso toda información.

—Lo tendré en cuenta para un futuro—miró a Daniel y le sonrió—. Tienes mi palabra. En estos días, todo es posible.

# 33

**Despacho Oval**
1948

Un hombre trajeado entraba por la puerta principal del edificio más poderoso del país. Una persona le indicó que esperase sentado hasta que le llamasen. El coronel Bart Sheppard no soltó su maletín en ningún momento. Pasaron los minutos y la puerta del fondo se abrió. Una persona canosa salió al pasillo y, al verle, le indicó que se acercara.

—Bueno días, coronel Bart Sheppard—saludó el secretario de defensa James Forrestal—. Espero que no haya esperado mucho tiempo

Bart estaba nervioso, no todos los días uno tenía la oportunidad de conocer al presidente. Sin darse cuenta, la puerta del despacho oval se abrió para él y, sin vacilar, caminó hacia su interior seguido de Forrestal.

—De modo que usted es el superviviente de esa gran historia—dijo un hombre mientras miraba por la ventana de la habitación—. Tengo entendido que contactó con la oficina naval por ciertos documentos que tiene en su poder—El hombre se giró y le miró a los ojos—. Yo también recibo muchos documentos para mi lectura diaria—El presidente caminó al centro de la habitación y le estrechó la mano—. También he decir que me han hablado bien de usted, tiene una hoja de servicios impecable.

—Gracias, señor presidente.

—Por favor, estamos entre amigos. Llámeme Harry—procedieron a sentarse en los sofás—. Verá, usted está aquí porque un día recibí una llamada un tanto llamativa—Harry cruzó la pierna—. Cuando uno empieza un segundo mandato sabe que le van a llover las llamadas, de todo tipo: proyectos a largo plazo, soluciones a veces imposibles, propuestas de leyes… Pero esta fue especial, indicaba que años atrás se había desarrollado un experimento para lograr la invisibilidad—Bart prestó mucha atención, recordó cada momento de esa noche—, y yo le dije a dicha persona que quería conocer al científico responsable de ese logro. Pero entonces mi desilusión cuando descubro que desapareció en dicho experimento, no sólo él, incluido el maldito buque de guerra que había en la bahía de Filadelfia esa noche—Cogió una cartera de cuero y sacó un expediente—, entonces sentí mucha curiosidad y exigí una reunión informativa, a la cual el señor Forrestal—James asintió—, mi informante, accedió.

—Supongo que mi papel entra hora—añadió Bart sin sorprenderse. Sabía por dónde iban los tiros y no quería andarse con rodeos.

—Y usted, amigo mío—El presidente señaló su maletín con el dedo—, es la baza que me faltaba. Tengo entendido que informó de una reunión secreta siguiendo los pasos escritos en el protocolo de emergencia y, al parecer, uno de dichos agentes le vio coger unos documentos—Las pupilas de Bart se dilataron, una de esas cuatro personas estaba viva—. ¿Le importaría compartir cierta información con nosotros? Sería algo extraoficial, por supuesto.

No le quedaron opciones, pero no sería gratis.

—De acuerdo, aceptó revelar la información—Colocó su maletín en la mesa—. Lo he guardado durante cinco años y nadie más lo sabe, pero ¿qué saco yo de todo esto?

Forrestal miró al presidente Harry Truman y le arqueó una ceja.

—¿Que rango tiene actualmente?

—Coronel, señor.

—¿Le apetece ascender a general? Algo me dice que hará honor a su rango.

—Sería un honor, señor presidente—abrió el maletín para enseñar el contenido—. Sólo he podido deducir que son diseños de alguna máquina y muchas fórmulas que no entiendo. La firma está clara.

—¿Es la firma del científico?—preguntó el presidente buscando algún dato relevante.

—En efecto, Harry—respondió el secretario Forrestal—. El F.B.I. incautó la mayor parte de sus investigaciones y las tiene guardadas bajo llave.

—De acuerdo, supongo que hay mucho trabajo por delante—El presidente Truman miró a Forrestal—. General, le importaría esperar fuera un momento, si no le importa.

Tras escuchar su nuevo rango, Bart asintió y se despidió formalmente, no quería estropear el momento. No todos los día el presidente de los Estados Unidos te ascendía en una reunión extraoficial. Bart salió por la puerta principal y cerró sutilmente.

—Amigo mío—El presidente se levantó del sofá—, ¿conoces la frase «si no puedes soportar el calor, es mejor salir de la cocina[25]»? ¿Sabes qué significa?

El secretario reflexionó.

—Supongo que se refiere a que si no puedes aguantar la presión, no te acuestes con ella.

—Te voy a encomendar una última misión, se acercan tiempos extraños. Primero ese experimento en Filadelfia, después ese otro suceso en Roswell[26]—Tomó aire y se apoyó en la ventana—. A veces creo que me observan, pero qué sabré yo, sólo soy el presiente número treinta tres. A veces me da la impresión de que todo sucede por un motivo—Se giró y se apoyó sobre el sillón de su escritorio—. Quiero que dirijas un grupo de investigación, algo extraoficial, con fondos reservados. Un círculo estrecho. No quiero problemas, sólo gente de confianza.

---

[25] Frase del 33º presidente los EE.UU., Harry S. Truman.
[26] Suceso ocurrido el 7 de Julio de 1947.

Forrestal miró a su comandante en jefe. Normalmente no era una persona tan seria.

—¿Que debo investigar Harry?

—Es fácil, el alcance que haya podido tener ese maletín y todo lo sucedido a su alrededor. Necesito saber que dejo un legado con futuro, tendrás mi firma presidencial a tu disposición. Tengo un presentimiento, amigo mío, y no se quiere ir.

Todo había quedado claro. Forrestal sabía que la reunión había terminado.

—Supongo que la pelota se detiene aquí, señor

—Puede retirarse, secretario Forrestal. Gracias por ser mi amigo.

Salió del despacho y se encontró con el general.

—Todo ha salido bien. Lo hemos conseguido.

Bart Sheppard miró a su socio, nunca pensó que sería capaz de pedir exigencias al mismísimo presidente, pero los documentos que encontró en aquella habitación le abrieron los ojos y le mostraron la capacidad tecnología que encerraban esos dibujos. Ahora podrían proceder a su investigación.

—¿Y si se da cuenta de algo?—Bart no era tonto y sabía que el gobierno tenía oídos en todos lados—¿Qué hacemos?

Forrestal le mostró el sello presidencial. Su mirada se mostraba triunfante.

—Ahora nadie podrá detenernos—respondió caminando hacia la salida—. Te recomiendo que busques a alguien de confianza para seguirte a todos lados, un confidente.

# 34

**Simulador**
**1955**

Los monitores del laboratorio mostraban el tráfico aéreo. Morris Jessup estaba maravillado, gracias a la inversión en transistores[27] habían conseguido reducir el tamaño del monstruo metálico a la mitad. La lista de avances que Daniel les había prometido se iba haciendo realidad. En definitiva, estaba muy agradecido de estar en ese lugar, la cadena de acontecimientos que estaban sucediendo no podían ser obra de la causalidad.

—De modo que con este lenguaje de programación[28] podremos crear aplicaciones para uso de empresas, economía, investigación… Y, de este modo, ahorrarnos mucho tiempo.

—Como dije en su momento—Daniel terminaba un proyecto personal—, os proporcionaré la capacidad de administrar cualquier sector. Por favor, ayúdame con esto—Señaló un caja con rendijas—. Si he sido capaz de crear un simulador de vuelos, con un poco de suerte podré recrear un simulador de las ondas cerebrales.

Jessup le miró extrañado. ¿A qué se refería? Daniel acercó un electroenfalograma de agujas y lo conectó al ordenador. Ejecutó un programa que había creado y las líneas del papel se transformaron en una pantalla bidimensional.

—¡Que pasada!—destapó la caja con rendijas y descubrió varias cobayas—¿Para que las quieres? Cuando hiciste el último pedido me quedó la duda—Sacó una y lo acarició—¿También eres científico?

---

[27] Característica de la segunda generación de ordenadores.
[28] Lenguajes de programación COBOL y FORTRAN.

—Quiero medir sus ondas cerebrales. Hasta ahora, la única forma de leer las ondas era con un impresora. Quiero traspasar ese límite y pasarlas por el ordenador, ¿te apuntas?

Jessup miró al ratoncito.

—Vas a pasar a la historia, pequeño amiguito.

Daniel colocó unos electrodos en las sienes del animal y activaron el aparato. Encendieron la pantalla y aparecieron diferentes tipos de líneas.

—¿Sabes leerlo?—preguntó Jessup.

—Sí, hay varios tipos. La primera son las ondas Beta, es la capa superficial: los sentidos, el intelecto y los trabajos físicos; la segunda son las Alfa, relacionadas con la relajación y la mediación; la tercera, las Theta, aparecen durante el sueño, anestesia…; y, la última, son las Delta, que te puedes imaginar lo que son.

—Como estar en otro mundo—Jessup disfrutaba del momento.

—Exacto, no lo podías haber explicado mejor—respondió dándole una palmada en el hombro—. Y ahora lo vamos a probar en mí.

Cogió la cobaya y se la dio a su compañero.

—¿Cómo que en ti?—respondió Jessup observando la simpleza del experimento—¿Así, si más? ¿Te los vas a poner y ya está?

Daniel no entendía la preocupación

—En realidad, quiero alcanzar la tercera fase. Quiero comprobar algo.

—¿Necesitas ayuda?—preguntó Jessup metiendo su mano en el bolsillo y sacando una pequeña bolsa de plástico.

—¿Qué es eso? —preguntó Daniel.

—Es un alucinógeno experimental, lo llaman LSD[29]. Conozco a un tío que conoce a otro tío… en fin, los psicólogos lo usan en sus tratamientos y hasta la C.I.A. lo usa en sus interrogatorios. Lo diseñó

---

[29] LSD, diseñado por el químico suizo Albert Hofmann en 1937 a partir de un hongo.

un químico suizo hace unos años, ¿quieres probar?—Jessup le acercó la bolsa.

Daniel desconocía esa sustancia. En su mundo tenían otros métodos para alcanzar los estados de meditación. Se sirvió una pequeña dosis y lo probó. Procedió a tumbarse en la camilla y se colocó los electrodos en sus sienes. Las ondas aparecieron progresivamente en la pantalla.

—Tienes que vigilar las ondas Delta, la última, y anotar lo que veas—Su compañero levantó el pulgar y se sentó en una silla con su pequeño amigo mamífero—. Piensa en algo específico—murmuró.

Sólo había una cosa que anhelaba con la suficiente fuera. Un lugar muy lejano. Una tierra diferente. Su hogar.

Jessup agarró el cuaderno y anotó los puntos de inflexión importantes hasta que no hizo falta, Daniel había alcanzado su objetivo. El teléfono de la pared sonó una vez… Y otra. Jessup se levantó y contestó, la voz de su jefe le alivió. Quitó la seguridad de la puerta y el tercer socio entró en la habitación.

La imagen de Daniel le llamó la atención.

—¿Qué busca exactamente?—preguntó Forrestal

—Creo que respuestas—respondió Jessup mientras Daniel continuaba en la camilla moviendo los labios—, o nostalgia, de todas formas, a veces pienso como sería ponerme en su situación, pero no me lo imagino.

Forrestal se sentó en una silla, frente a la camilla, y sacó una botella de su maletín.

—Es comprensible, ninguno de nosotros ha pasado por lo mismo. Nuestro querido amigo sabe que está atrapado en otro tiempo y, aun así, no ha desistido ni un segundo en intentar buscar cualquier manera para encontrar una respuesta—Pidió a Jessup que acercara dos vasos—. Tiene confianza en sí mismo y en su capacidad y habilidad—Sirvió un poco del brebaje—Sé que no se siente ni superior ni inferior hacia nosotros, y eso me das más argumentos para confiar en él—Miró un calendario que había colgado de la pared—Por lo que tengo entendido, esto va a llevar tiempo y, por lo que cuentas en tus informes, Daniel es quien dirige la operación aunque él nunca ha pedido ese cargo, por lo que deduzco que estás a gusto bajo su mando.

—He aprendido en estos años más que cualquier técnico en décadas—respondió Jessup—. Me ha enseñado un mundo que hoy en día es únicamente teórico y revolucionario, y en el que pocos tendrán la oportunidad de involucrarse y tener éxito—Jessup señaló la pantalla—¿Alguna vez ha visto eso? Lo llama simulación de ondas en dos dimensiones.

Jessup dejó el vaso en la mesa y se acercó a la pequeña pantalla. Un conjunto de ondas oscilaba a niveles similares, pero a veces había picos puntuales. Jessup continuó tomando notas., una sucesión de picos le llamó la atención.

—Parece que las ondas dibujan algo—respondió Jessup, el patrón se hizo continuo—Tiene forma de rectángulo, me recuerda a una torre de vigilancia o algo parecido.

El secretario Forrestal dio un trago a su vaso y arqueó una ceja.

—¿Cuándo fue la última vez que tomaste aire fresco?—preguntó disfrutando del aroma del brebaje—. Creo que pasáis muchas horas aquí abajo.

—Creo que una semana—respondió Jessup escribiendo la última anotación y cerrando el cuaderno—. Puede que tenga razón y sólo sea cansancio.

# 35

## Origen
## Medianoche, 1960

Varios días después del suceso del meteorito, un jeep aparcaba frente un edificio de oficinas. Dos hombres de uniforme entraron por la puerta principal con una gran caja metálica en sus manos directamente hacia el ascensor. El botones le acompañó hasta el último piso. Una puerta doble de madera se abrió y un pasillo con varios asientos les dio la bienvenida.

El cabo Ezequiel Jamil se sentó cerca de la mesilla alumbrada por una lámpara y cogió el periódico para pasar el rato mientras su jefe entraba en un despacho.

—Mi querido amigo y confidente, por el teléfono no he entendido bien lo que me decías—El nuevo secretario de defensa se acomodaba en su sillón—. Sé lo del meteorito pero no he comprendido lo del niño. ¡Estoy absorto!

—En resumen—El general Bart Sheppard intentó suavizar la situación—, su padre estuvo en la escena del suceso y fue el primero en tocar el artefacto—Colocó la caja en la mesa—. Al principio no sucedió nada, pero al entrar en la habitación del hospital, murió dándole la mano al pequeño.

El secretario analizó al escena..

—¿Y el niño está bien?—Se puso serio—. Es decir, ¿ha dicho alguna palabra o algo?

—Dibuja ilustraciones un tanto extrañas—Buscó las mejores palabras para definir aquellos símbolos extraños de la habitación—. Hemos recopilado varias imágenes para analizarlas.

—Si le parece bien, tengo curiosidad por el artefacto.

Bart Sheppard puso la mano encima de la caja metálica y un compartimento se abrió. Recordó el primer momento. Introdujo la mano y sacó el libro. El secretario Thomas S. Gates jr., expectante, observó sus movimientos. Bart colocó el libro en la dirección de socio, Forrestal tomó aire y levantó la portada. No sucedió nada, las páginas estaban en blanco. No desistió y pasó a la siguiente página. Continuaban vacías.

En la siguiente, notó una sensación extraña.

«Se vio a sí mismo en una habitación con la gente con la que se relacionaba, pero no interactuaban con él. Había otra persona. No se lo podía creer. El centro de las miradas era su socio, se había convertido en su líder. En su uniforme algo llamó su atención, estaba condecorado con medallas que no poseía en ese momento».

Entonces lo entendió.

—Su turno, Bart. Creo que sé lo que es este artefacto llegado del cielo, pero quiero que usted lo vea con sus propios ojos—Su tono de voz había cambiado.

Bart, nervioso, no entendió la analogía. Las páginas estaban en blanco, pero notó que el secretario estaba bien, incluso tenía un brillo en su mirada, parecía más sabio que antes, más seguro de sí mismo. No tenía nada que perder.

Con cuidado, tomó el libro y realizó los mismos pasos. No sucedió nada. Página tras página todas estaban vacías. A puto de rendirse un haz de luz le envolvió.

El secretario Gates se desplazó un metro atrás.

—¿Qué está pasando?—preguntó el secretario asustado.

El general se había envuelto en un aura translucida, sus ojos se mostraban blanquecinos. Había entrado en una especie de trance, su mente viajó a través de varias imágenes desconocidas.

«Un lugar misterioso que nunca antes había visto. Una ciudad futurista, con edificios altos y poligonales, en continua progresión. Una ráfaga de energía se expandía hacia el cielo y un estallido de luz cubrió toda la ciudad».

El viajero despertó. Su compañero cerró la tapa del libro.
—Bart, amigo mío, ¿qué has visto?
—Primero, cuéntame tu visión.
El secretario se sentó en la mesa frente a su amigo.
—He visto mucho poder—respiró un poco de aire—. He contemplado cómo lo manejabas, Cómo dirigías a gente influyente. Creo que no es casualidad que el presidente te ascendiera, estaba escrito—respondió cruzando los brazos y sonrió.
—Mi visión ha sido diferente—miró al libro—. He viso un lugar muy lejano, no en cuanto a distancia, si no en el tiempo. Estaba muy avanzado, había mucha tecnología, había...—Intentó recordar y midió sus palabras—...una especie de cúpula alrededor, pero después desapareció. Y desperté
El secretario se acercó a la ventana del despacho y comprobó que no había nadie más husmeando por allí
—Creo que sé qué este objeto. Una especie de oráculo que te muestra el futuro. En este caso, tu futuro—tosió de manera brusca—... Lo sabía.
—Señor secretario, ¿qué le sucede?—exclamó Bart alarmado.
El secretario tosió de nuevo y sacó un pañuelo de su bolsillo. Se limpió y se recuperó.
—Digamos que hace tiempo que no estoy en forma. Creo que podemos dar por terminada esta reunión.
Bart pensó rápidamente y se acordó de su ayudante.

—¿Te importa si Ezequiel colabora? Él también participó en la extracción. Conoce su existencia.

El secretario Gates asintió. Bart abrió la puerta y pidió al cabo Jamil que entrara. El secretario le invitó a sentarse y Bart se apoyó en la esquina de la mesa. Ezequiel descubrió el libro encima de la mesa y miró a sus compañeros.

—Señor Jamil. No tenga miedo, ¿le importaría abrir el libro?

Ezequiel no entendió la petición, pero siguió órdenes. Levantó la tapa y pasó la páginas en blanco.

—Están vacías—murmuró.

Gates miró a su compañero de armas. Algo no iban bien.

—Déjelo cabo, no importa.

Pero Ezequiel se quedó quieto. Sus ojos se tornaron blancos. Esta vez, el halo tardó en manifestarse.

«Se vio a sí mismo sobre un circulo lleno de símbolos, inmerso dentro de una burbuja de color celeste. A su alrededor aparecieron los rostros de varias personas y un símbolo que las identificaba. Tenía la sensación de saber dónde estaba cada una de ellas y de la importancia de las mismas. La burbuja se empezó a fracturar y las imágenes desaparecieron».

Abrió los ojos y se encontró tumbado en el suelo.

—Ezequiel, ¿estás bien? —preguntaron sus compañeros.

—¿Qué ha pasado?—Sólo recordaba la burbuja fracturándose en mil pedazos—. He visto imágenes. ¿Vosotros también lo habéis probado?

Ambos asintieron.

El secretario cogió el libro y lo guardó en la caja metálica.

—¿Qué tipo de imágenes? —preguntó Bart.

—Un grupo de personas. Doce en total, alrededor de un círculo.

Bart y Gates se miraron.

Todo estaba vinculado, algo estaba en marcha. Ayudaron a Ezequiel a levantarse y se sentó en el sillón. El secretario Gates abrió un cajón y sacó una carpeta.

—Señores, ha llegado el momento de darles esto—Abrió la carpeta y sacó un expediente—. He entendido que es necesario dar este paso—Dentro del dossier había fotografías de un lugar—. Ese será su nuevo cuartel general. Claro está, que deberán actualizarlo un poco: ordenadores, cableado, pintar un poco… Ya saben, mantenimiento—Bart leyó el nombre del emplazamiento: «Castillo de Coral». Miró al secretario y su mirada no mostraba sentido de broma—. Se encuentra en Florida, no se pueden quejar.

—Entiendo—respondió Bart—, nuestros caminos se separan aquí.

—Sólo temporalmente. El hijo pequeño de mi predecesor, el exsecretario James Forrestal, será su administrador durante su estancia en su nuevo hogar, por lo que sé ustedes ya se conocen—respondió guiñándole un ojo—, de este modo todo quede en familia, además tengo entendido que es un hacha con los números, tengo buenas vibraciones—Cogió la carpeta y le dio la vuelta. Un objeto metálico salió de su interior—. No olviden la llave.

Bart cogió todo el material y le estrechó la mano a su amigo.

—Gracias por todo, lo haré lo mejor que pueda.

—Más le vale, parece que todo depende de ello. Ezequiel, le recomiendo que estudie algo relacionado con medicina. Necesitarán un médico por si surgen complicaciones—El cabo Jamil asintió—. Y Bart, llévatela. Creo que vosotros la vais a necesitar más que yo.

Bart cogió la caja. Salieron por la puerta y tomaron el ascensor.

Una sección de la pared del despachó se abrió. Un joven abandonaba una pequeña habitación secreta.

—Esas dos personas que has escuchado son el recién ascendido a general, Bart Sheppard, y su ayudante, el cabo Ezequiel Jamil. Serán tus nuevos subordinados cuando yo no esté—Tosió de nuevo y se limpió la boca. Sacó un informe del cajón. En la cubierta ponía «Top Secret, 1960»—. Aquí tienes toda la información que necesitas. Algún día lo necesitarás. La próxima vez que viajes, llévalo encima.

—¿Tiene que ver con esos viajes secretos que haces?

—Chico listo—sonrió y le cogió del hombro amistosamente—, tu padre te encomendó bajo mi mando, serás el administrador más joven que he tenido. No lo olvides—Tosió de nuevo—. Vincent, hazme un favor y arranca el coche. Yo bajaré ahora.

Se quedó sólo en el despacho. Respiró suavemente y volvió a toser. Buscó una zona limpia del pañuelo para limpiarse.

—Mi hora se aproxima, pero todavía hay tiempo—dijo con sonrisa irónica—. He leído mi futuro y este es el resultado. Que caprichoso es el destino.

# 36

**Vaticinio
Chile, 1970**


Las vistas desde la ventanilla eran increíbles. Vincent Forrestal asomó la cabeza y contempló el paisaje tropical que sobrevolaba. Esa era una visita extraoficial, no tenía por costumbre viajar tan al sur del continente. Volvió a meter la cabeza en la cabina del helicóptero y sacó un documento de su chaqueta para leerlo por segunda vez.

«...Cuando lo mires con tus propios ojos tu percepción de la realidad cambiará. Él es un aliado diferente, además de una pieza muy importante. Una vez le hice una promesa a esa persona y siempre he sido persona de palabra.

James V. Forrestal».

El temporal empeoraba por momentos. Desde el momento en que cambiaron de hemisferio, el cielo no había parado de burlarse de ellos. A través del cristal, un juego de rayos se iluminó en el horizonte y una brisa fresca penetró en el helicóptero.

—¡Parece que viene tormenta!—Vincent miró por la ventana y comprobó su reloj—¿Queda mucho para llegar?

El piloto le indicó que tardarían menos de treinta minutos en llegar al punto de destino. A lo lejos divisaron varios edificios, una luz fluorescente identificó su zona de aterrizaje. Un vendaval se desató en la zona de aterrizaje y el piloto consiguió maniobrar milagrosamente en el tejado de un edificio.

—Señor, si veo que la tormenta empeora, me veré obligado a

cambiar mi posición. Podrá localizarme con el walkie-talkie.

Vincent asintió.

Bajó del helicóptero con una caja metálica bajó el brazo. En la azotea, una persona vestida con buzo azul le esperaba cerca de una puerta para entrar al interior.

—Buenos días, señor Forrestal—gritó por el ruido de las aspas.

—Llámeme, Vincent, por favor. Forrestal era mi padre.

El viento aumentó y el piloto le hizo una señal. El helicóptero despegó y se alejó varios kilómetros.

—Mi más sentido pésame—respondió Jessup elevando la voz por el ruido—. Le esperábamos unas semanas más tarde. Nos ha pillado en pleno circuito.

—Dígame, ¿él técnico está dentro?

Jessup asintió y abrió la puerta de la azotea.

Varios pisos por debajo, Daniel preparaba la habitación principal, había logrado crear una red de ordenadores[30] conectados entre sí. Aquella pregunta de años atrás resonó en su cabeza: «¿Es posible gestionar un país de manera automática?». La respuesta la tenía delante de él. Se acercó a la última sección de cable para conectarlo a la corriente y sufrió un chispazo en la mano. Una corriente eléctrica recorrió su cuerpo y su piel se regeneró lentamente mientras le temblaba la mano. Llevaba los últimos años preguntándose el porqué de los efectos secundarios de esa habilidad. No era algo agradable.

La alarma de la puerta se encendió. Un minuto después, su compañero entraba acompañado del nuevo administrador.

Era la hora.

—Usted debe ser Daniel—Vincent miró la habitación y dejó la caja de metal cerca de la puerta—. Mi padre dejó por escrito sus investigaciones y mi jefe me ha puesto al día. ES usted todo un

---

[30] Tercera generación de ordenadores. Minicomputadoras, multiprogramación.

visionario.

—Tampoco hay que exagerar. Sólo le di unos consejos—Observó la caja metálica—¿Eso es para mí?

Vincent contempló la caja.

—No, descuide. Luego tengo otra reunión[31] en Florida. Lo llevo conmigo porque no quería arriesgarme a que el helicóptero huyera con él. Y con la tormenta, no me fiaba, y al parecer estaré aquí un rato.

—Hombre prudente vale por dos—respondió Jessup.

—Verá, Daniel, hoy he tenido un sueño un tanto extraño—Todos prestaron atención—. He visto el futuro, un futuro jerarquizado donde todo el mundo era feliz. Digo esto porque hace unos años usted le enseño a mi padre las ventajas que ofrecerían los ordenadores al mundo y las capacidades de los mismos. Hace poco me he reunido con una persona importante en este país, un tal Allende. Su gobierno ha confiado en mí y nos ha contratado para llevar a cabo este proyecto[32] de planificación económica controlada en tiempo real. Por mi parte, estoy deseoso de verlo en acción. ¿Me lo enseña?

Daniel encendió el ordenador principal.

Su dos acompañantes se sentaron en las sillas instaladas en la habitación. La red de ordenadores se encendió secuencialmente y cada pantalla mostró diferentes datos.

—Para optimizar el programa, decidimos dividir el país en varias secciones: educación, industria, gobierno…y de ese modo evitar problemas al obtener los datos.

Vincent observó el temblor de su mano.

—¿Hace mucho que le sucede?—preguntó señalándole.

Daniel se agarró la mano.

—Pues desde hace diez años exactamente.

Vincent dejó la mirada perdida y recordó una orden. Sacó un sobre

---

[31] Referencia al capítulo «Reunión» de «La llave de la eternidad».
[32] Cybersyn, intento chileno de planificación económica vigilada en tiempo real.

de su chaqueta y entendió que Daniel era el destinatario.

—Mi padre me dijo una vez, como otras tantas cosas, que llevara este expediente conmigo siempre que volase. Nunca entendí la razón hasta que ha dicho eso. Creo que esto —Se puso reflexivo— Sosteniendo el sobre entre las manos—, responderá algunas preguntas—Se puso reflexivo—Y puedo intentar abrir una línea de investigación para su problema, los recursos no son problema, pero necesitaré tiempo.

Daniel sonrió agradecido. Se puso manos a la obra y realizó varias simulaciones para mostrar diferentes posibles resultados en la economía del país: «Microeconomía, abierta, cerrada, mixta…». Vincent vigiló el tiempo en su reloj y, cuando lo vio oportuno, dio por terminada la reunión.

—Creo que la visita ha sido productiva para todos—respondió Jessup analizando el buen ambiente—. Mi socio y yo esperamos que pueda completar su informe.

Vincent cogió su walkie-talkie y contactó con el piloto.

—Arriba me indican que en breve estará de regreso—Miro su reloj—. ¿Me enseñan el resto de las instalaciones?—preguntó con interés—. Necesito saber en qué se invierte el dinero.

Quince minutos después, subieron a la azotea. El cielo continuaba rebelde y el helicóptero les estaba esperando.

—Hacen un buen trabajo aquí. El informe será muy positivo.

Vincent les estrechó la mano a ambos y subió al aparato. Jessup alzó la mano para despedirse.

El pasajero se sentó en el asiento del copiloto.

—¿Dirección?—preguntó el piloto.

—Florida.

Las hélices del helicóptero aumentaron su velocidad y la máquina inició el despegué, pero antes de comenzar la marcha para dejar atrás ese lugar, un rayo impactó contra el eje central provocando que las hélices comenzaran a temblar. El piloto giró la palanca y realizó una maniobra de emergencia para aterrizar en la azotea, pero la suerte no estaba de su lado. Un segundo rayo impactó sobre ellos.

—¿Cuál es la probabilidad de que un rayo impacte dos veces en el mismo punto?—preguntó Jessup.

—Mínima—respondió su compañero analizando el terreno.

Daniel agarró a su compañero y regresaron al interior del edificio. Las paredes temblaron y eso provocó que se agarraran al pasamanos. Esperaron pacientemente unos segundos para evitar cualquier sorpresa. Un extremo de la hélice atravesó la pared de la salida de emergencia, se miraron y salieron al exterior. La hélice se había incrustado contra la piedra y la cabina del helicóptero estaba ardiendo. En el suelo, una mano agarraba una caja metálica. Daniel corrió a socorrer a Vincent y cuando le tocó, el administrador reaccionó violentamente.

—¡Soy yo!—exclamó Daniel.

La cara de Vincent mostraba quemaduras de segundo grado. No se lo pensó dos veces y le tocó la cara.

—¿Qué haces?—pregunto el herido.

El tatuaje de su cuello se iluminó. Vincent, con el ojo bueno, contemplaba el milagro, notaba como su piel dejaba de arder y el dolor desaparecía. Su mente entró en otro plano:

«Apareció en un calle, una plaza. Un grupo de personas se le acercó y le atravesó como si fuera un fantasma. Instintivamente, dio varios pasos e intentó buscar un lugar abierto. Observó que toda la gente poseía un rasgo en común, unas marcas en el cuello y en los brazos, asumió que se encontraba en una población jerarquizada, tenía entendido que varias tribus del mundo las usaban para diferenciarse entre ellos. Pero lo que más le llamó la atención fue que nadie estaba triste y nadie usaba dinero para adquirir artículos en los diferentes establecimientos que divisaba, la comunidad era autosuficiente. Un resplandor de luz llegado del cielo le cegó y despertó de ese sueño».

Cuando terminó de curarle, Daniel se apoyó en el suelo y se masajeó la mano.

—¿Qué ha pasado? ¿Quién eres tú?—Vincent seguía en shock.

Era el momento, Daniel había conseguido captar toda su atención. El miedo no era el método que había pensado pero el destino siempre era incierto, sabía que tenía el control y podía pedir lo que quisiera.

—Sólo lo diré una vez, así que preste atención—Le miró fijamente—. Llevo más de veinticinco años en este mundo y solo he sido el chico de los recados y, formalmente, el técnico de la empresa. Supongo que habrás visto mi expediente—Vincent asintió—. Me merezco una mejora considerable de esas condiciones—Su tatuaje se iluminó de nuevo y su mirada reflejó un ligero halo brillante que no admitía un no por respuesta—. Me conseguirás un laboratorio más grande, pero no aquí, sino en Estados Unidos y una lista de distribuidores de confianza. Y además, necesitaré aumentar el número de personal de la empresa. Dos es insultante.

—¡Lo que tú pidas!—Vincent le miró desde el suelo con absoluta perplejidad y temor. Los informes eran ciertos, esa persona era especial. No era de ese planeta. El tatuaje era igual que en esa visión y brillaba con el color del cielo.

Jessup reaccionó y buscó un extintor para apagar el fuego. La escena fue inolvidable: el piloto había muerto y la cabina había reventado contra el edificio.

—Compañero, ahora tú estarás al mando—Jessup asintió—. Tenemos mucho trabajo por delante. Llama al gobierno y que dispongan otro helicóptero para el señor Vincent Forrestal y, si preguntan, respondes que un rayo ha impactado. No les costará comprobar el cielo—Se levantó lentamente y se acarició la mano—. A partir de ahora yo delegaré a un segundo plano, necesito conseguir respuestas. Nuestro amigo nos financiará

Daniel miró al joven administrador, el hijo de la persona que le dio protección durante dos décadas, la primera persona que confió en él, su primer contactó en esa realidad. Ahora las tornas habían cambiado y él tomaría su propio camino.

# 37

**Búsqueda**
**Castillo de Coral, Florida, 1972**

Los nuevos compañeros comenzaban a integrarse en la base de operaciones. El patio del Castillo era lo suficientemente amplio para hacer reuniones al aire libre. El nuevo director de seguridad estudiaba la zona para instalar un perímetro de cámaras, mientras otro recién llegado, analizaba el edificio.

—Está muy bien construido para su excéntrico diseño—comentó el físico Inesh Lazard—. Parece la representación escultural de una obra de arte.

—Me sorprendió que algo así siguiera en pie hoy en día—respondió Roderick Schiff mirando a su compañero—. Algo me dice que no eres de por aquí.

El científico de origen indio respondió con una carcajada.

—No compañero, yo vengo de muy lejos. Fue una sorpresa cuando el general me encontró y me invitó a este viaje extraño. Si te soy sincero, llevaba tiempo buscando un reto. Algo me dice que aquí lo voy a encontrar.

—Yo te puedo presentar uno ahora.

—¿Disculpa?—Inesh le miró extrañado—¿Aquí en el patio?

Rod le hizo un gesto y se dirigió hasta la entrada del edificio. Utilizaron un ascensor y descendieron varios pisos bajo tierra

—El general Sheppard me ha dicho que hay que instalar una red de ordenadores para comunicarnos con nuestros futuros compañeros en caso de que fuera necesario—Al fondo de la habitación había varios contenedores de metal— ¿Me ayudas a empezar? Nos llevará un rato.

—Claro, pero dime, ¿quién es nuestro benefactor?

—Un reciente amigo del general, un asiático.

—El otro tío, el de la cicatriz, ha dicho que tenía que meditar. ¿Sabes algo?

Sólo había un lugar donde podría hacer eso.

—Se refiere a la sala de reuniones—Rod encontró una caja de pequeño tamaño. Tenía una etiqueta con el nombre de su compañero—¿Te parece si dejamos esto para más tarde? Hagámosle una visita—respondió y cogió una pequeña caja de la habitación.

Un piso por encima, Ezequiel Jamil estaba sentado delante de la mesa de madera. Había trece sillones y todos poseían un símbolo inscrito en la madera, faltaba encontrar a sus respectivos dueños, por el momento, eran cuatro. Un futuro experto en telecomunicaciones, un futuro físico, un futuro médico y un estratega en potencia. Le quedaba trabajo y debía concentrarse. Había descubierto que el libro, o lo que fuera esa herramienta, estaba dividido por disciplinas. La entidad que desarrolló ese monumental trabajo se tomó muchas molestias. Cambió de sección y se sumergió en ese mundo, debía encontrar el resto de compañeros.

«Sintió estar rodeado de una burbuja. Abrió los ojos y un juego de símbolos bailaban a su alrededor. Él se encontraba sentado en el centro, en posición zen. La mayoría de los símbolos eran emblemas que representaban diferentes conocimientos antiguos: matemáticas, alquimia, ciencias, energía... Otros le eran desconocidos. Tres símbolos se acercaron a él. Respiró hondo e intentó conectar con sus portadores, esa era la parte más delicada. Un elemento específico de su procedencia le dio las pistas que necesitaba».

La puerta metálica de la habitación se abrió y sus compañeros entraron sin hacer ruido.

—A eso se refería con la meditación—exclamó Rod. Observando la paz que mostraba la cara de su nuevo compañero—. La primera vez que estuve en este lugar, casi salí por la puerta creyendo que era una broma pesada, pero reflexioné y regresé.

Ezequiel despertó y sus compañeros le saludaron con naturalidad.

—Haced las maletas y coger ropa de abrigo—Se levantó y bordeó la mesa—. Nos vamos al viejo continente., nos toca recorrer Europa.

—Antes de eso, hay un paquete para ti—Rod le entregó la caja.

Ezequiel la cogió y sintió energía. Su preciado pedido había llegado.

—Esto hará más fácil convencer a los nuevos reclutas—Del interior sacó un caja de tarjetas con una diminuta piedra que brillaba en su centro—. Señor Schiff, cuando salgamos cierre la puerta con llave, estaremos un tiempo fuera. El plan implica visitar varios lugares.

## «Química»
### Francia, 1973

La vista azulada llegaba a su fin. El cielo se había normalizado y la lluvia había amainado. Bajo sus pies, contemplaron la imponente vista de la república francesa.

—¿Quién iba a decir que tendríamos que atravesar el océano?—Rod miró a Ezequiel—¿Estás seguro de que nuestro futuro compañero estará allí?

—Sé que la señal proviene de allí—Miró por la ventana—, y que está relacionada con la química. El resto, tendremos que comprobarlo en persona.

—Está bien tener contactos por todos lados.

Ezequiel cogió un walkie-talkie y busco un canal.

—Aquí el teniente Ezequiel Jamil de los Estados Unidos—Sus compañeros le miraron—. Solicitamos permiso para aterrizar en el aeropuerto de Lyon.

Ruido de estática se escucharon por el altavoz del walkie.

—Correcto, tienen luz verde—respondieron desde la torre de control—. Me indican que alguien les recogerá en la pista.

Dos horas y cien kilómetros después, llegaron a una fábrica de polímeros químicos. La entrada estaba cerrada y el parking estaba lleno de camiones, sin tiempo a caminar, una alarma ruidosa resonó en el perímetro.

—¿Eso no será la alarma de emergencia?—preguntó Inesh.

Los extractores comenzaron a expulsar humo de diferentes colores. El conductor gritó algo en francés y corrió a la cabina de seguridad mientras sus clientes observaron cómo cogía el teléfono e intentaba contactar con alguien.

—Podemos intentar entrar por un acceso de emergencia—comentó Inesh en voz alta.

Localizaron una escalera de metal en la pared de la fábrica y silbaron al francés para indicarle el acceso.

—Buena observación—felicitó Rod—¿Oye, exactamente como te localizaron a ti?

—Es una larga historia y no tenemos tiempo para ello—respondió Ezequiel con fuerza corriendo como alma que llevaba el diablo hacia la escalera—. Debemos darnos prisa. Una fábrica de productos químicos podría explotar en cualquier momento.

En el interior una de las secciones se encontraba en llamas. Una pasarela horizontal atravesaba el esqueleto de la fábrica. Ciertos olores se volvieron insoportables, se taparon la nariz como pudieron, Ezequiel se guio por su instinto, recorrieron el puente y descendieron por una escalera.

—¡Aider!—gritó alguien—¡Ayuda!—repitió con acento francés

Ezequiel intentó orientarse pero el humo le nublaba la vista.

—¡Debajo de esa columna!—Rod corrió para socorrer a un hombre—. Señor, ¿quién es usted?

—Doctor Kuhn—su rostro presentaba quemaduras extrañas—

¿Dónde está mi hija?

Rod y Ezequiel se miraron confusos, no había nada vivo alrededor, Inesh tampoco daba buenas noticias. El hombre había exhalado su último aliento[33]. En señal de respeto, Rod procedió a cerrarle los ojos.

—¡Aquí hay alguien!—gritó Inesh detrás de una enorme columna de metal—Parece una niña. ¡Está atrapada!

La pequeña tenía el pie atrapado bajo un armario, estaba inconsciente. Entre los tres sumaron fuerzas para levantarla y sacarla de allí hasta que una pequeña explosión les avisó de la retirada. Recorrieron el mismo camino pero la pasarela estaba bloqueada. Inesh se acercó a la puerta principal y encontró el panel de control.

—¡Ten cuidado!—gritó Rod.

Por suerte, estaba en su idioma. La puerta se abrió, en el exterior su chófer les esperaba impaciente. La niña empezó a despertarse.

—Pére—dijo la niña.

Todos miraron al chófer esperando que les tradujera.

—Ha dicho «papá».

El doctor Kuhn era el padre, Ezequiel tomó una decisión.

—Dígale que ha habido una explosión y que todos han muerto—El francés habló con la niña—. Y usted no ha estado aquí, ¿me entiende?—La mirada de Ezequiel no admitía un no por respuesta—. Mi jefe contactará con usted en unos días

—No puedo hacer eso, señor..

Ezequiel sacó una tarjeta de su bolsillo y se la entregó sin soltarla. El cielo se tornó gris y empezaron a caer gotas de lluvia.

—Yo creo que sí—Los ojos del chófer cambiaron de color y asintió la orden—, tenemos a alguien esperando nuestra llegada. Él la curará.

---

[33] Referencia al capítulo «Reunión» de «La llave de la eternidad».

## «Lanzamiento»
## Rusia, 1978

Desde la torre de control confirmaron el trayecto de una aeronave desde la base en tierra. Un avión del ejército ruso había completado un ejercicio de reconocimiento aterrizando en el portaviones para su puesta en servicio. Un soldado le dio la señal al piloto para orientarle, la superficie de cincuenta metros cuadrados comenzó a descender tragándose el avión. En la sala de máquinas recibieron la orden de poner en marcha el titán de acero.

—Que los técnicos acudan al hangar para inspección rutinaria—anunció una voz por el altavoz.

Un ingeniero caminaba por los compartimentos del buque y cambió de rumbo para dirigirse a su próximo destino. La mañana había estado demasiado tranquila, abrió una compuerta y accedió a su puesto de trabajo. Se colocó el cinturón de herramientas y se puso manos a la obra. Le encantaba manejar esas maravillosas obras de ingeniería.

Tras terminar el trabajo avisó al exterior con su walkie-talkie pero nadie respondió.

—Aquí Alexei Baskov. El Grajo[34] está operativo y en perfecto funcionamiento—Soltó el botón de llamada para recibir la contestación, pero tampoco recibió instrucciones—. Repito, el grajo que habéis enviado está plenamente operativo—No hubo señal—. ¡Qué raro!—murmuró.

—Se ordena evacuar la superficie del portaviones para proceder con lanzamiento de varios satélites de telecomunicaciones—Se informó por el altavoz.

—¿Me están vacilando?

Alexei dejó sus herramientas. No tenía intención de perderse ese

---

[34] SakhoiSu-25 "Grajo", avión antitanque ruso en activo desde Enero de 1975.

momento, accedió por una escotilla y dejó atrás el taller.

En la superficie habían instalado una plataforma y de una sección ascendía un artefacto de un tamaño de veinte metros cúbicos.

—Resulta interesante—dijo una voz.

Alexei se giró y encontró a dos hombres vestidos de uniforme. Sus caras indicaban que no eran de la zona, pero uno de ellos vestía con galardones y eso era suficiente para ser precavido.

—La vida en un barco es interesante. ¿Les puedo ayudar en algo?

Los técnicos de la superficie levantaron el artefacto y lo colocaron en la plataforma de lanzamiento.

—Usted participó en el diseño y construcción de los vehículos robóticos[35] para la exploración lunar hace unos años, ¿verdad?

—Depende—No le gustaba que dos desconocidos le preguntaran por su pasado— ¿Quién lo pregunta?

En la superficie, los técnicos dieron una señal a la torre de control. Pequeñas luces iluminaron la plataforma de lanzamiento y su sistema hidráulico se inició para elevarlo.

—Unos amigos—respondió el general Bart Sheppard mirando el costoso artefacto—. Sabemos que este trasto va a escoltar al rompehielos Árktika[36] que se dirige al polo Norte—Alexei arqueó una ceja—, pero no se preocupe, no nos chivaremos—Bart Sheppard esbozó una sonrisa—. Sólo respóndame a una cosa, ¿qué hace un ingeniero de su calibre en un portaaviones de la marina?

—Es una larga historia y, díganme, ¿qué se les ha perdido a ustedes aquí?

La plataforma despegó de la superficie del barco llevándose consigo el satélite ruso de telecomunicaciones. Todos los presentes guardaron silencio contemplando el proceso. Pasaron más de quince segundos hasta que estuvo fuera de peligro

---

[35] Lunokhod, vehículos robóticos lunares rusos construidos en los años 70.
[36] Árktika, primer rompehielos a propulsión nuclear en llegar al Polo Norte.

—Tenemos una oferta para usted—respondió Bart. De su bolsillo sacó una tarjeta con una piedra en su centro y se la entregó—. Sé que le va a interesar.

Aleksei cogió la tarjeta y, automáticamente, la respuesta a muchas preguntas llegó a su cabeza. No supo explicarlo pero tampoco era el momento ni el lugar para esa conversación. Debía decidirse, la misión en el Norte se había completado, el satélite se había lanzado y en varias horas estaría en órbita. Por su parte, su trabajo se había vuelto monótono en la taller de reparaciones. Necesitaba un reto.

—Aceptaré, pero tengo mis condiciones.

Bart esbozó una sonrisa, el equipo crecía más con cada viaje. Cogió su walkie talkie, dio una orden y, en el helipuerto, un helicóptero se preparó para despegar.

—No se preocupe, señor Baskov—Ezequiel Jamil subió a la cabina y dio instrucciones al piloto—, estudiaremos todo en un ambiente algo más cálido. Su jefe está al tanto de esta reunión, ahora por favor, venga aventúrese con nosotros y enséñenos de la madera que está usted hecho.

## «Negocios»
### Campamento Eggers, Kabul, Afganistán
### 1983

Un Avión, clase Hércules, aterrizaba en la pista de aterrizaje a varios kilómetros de la base. Una mujer con gafas oscuras salió de la bodega de carga. En el exterior, varios soldados comentaban que era la hija de un exportador americano

—La llaman la dama de hielo—comentó un soldado—. Dicen que mata con la mirada

La mujer se quitó las gafas y miró en su dirección. Los soldados disimularon para evitar su mirada.

—Seguimos vivos—murmuró uno.

—¿Estás seguro?—respondió el otro con el arma en el suelo.

La mujer localizó al responsable del campamento. Descendió de la rampa y caminó con paso decidido hasta un jeep donde le esperaba sentado un señor de metro setenta con gafas oscuras.

—El sargento Dick Thompson, si no me equivoco.

—Información correcta, señorita, ¿y usted es?—respondió bajándose del vehículo y arqueando una ceja.

—Mi nombre es Elizabeth Rousseff. Soy la representante de la empresa *Martin Marietta* en este lado del mundo—Señaló los contenedores que varios soldados estaban descargando de la bodega mientras se tocaba la corta melena. A Dick se le iluminaron los ojos, su querido pedido estaba en casa—. Aquí tiene el cargamento que pidió hace un mes, perdone la tardanza pero hay que sincronizar las agendas con el ejército. Mi abuelo, el señor Glenn[37], estaría orgulloso de esta mercancía, es su legado.

—Mi padre tuvo el honor de conocerle, ese viejo granuja fue el mayor experto en la materia—Comprobó el cargamento: ordenadores, armamento y productos varios—. Su reputación le precede. El señor Bernhard Einstein estará contento con el nuevo modelo de lanzamisiles, me dijo que la nueva generación de misiles Hellfire viene con la función de autodestrucción. Eso evitará problemas.

—Y por cierto—Se colocó las gafas en la cabeza y sacó un papel del bolsillo de su blusa—, en la empresa me han pedido que les pase un mensaje:

«Por motivos de seguridad, el gobierno ha decidido modificar la red de telecomunicaciones. Prefieren separar los contenidos militares de los científicos, de este modo, no se mezclarán los datos

---

[37] Co-fundador de Martin Marietta, empresa de tecnología aeroespacial.

ni surgirán problemas de filtración. Un circuito cerrado. De este modo cada casa es responsable de sus propias investigaciones. Lo denominarán red MILNET[38]».

—No soy experto en ese mundillo, por lo que acataré órdenes. Supongo que usted sabe lo que hace. Si necesita algo, lo que sea, hágamelo saber.

El sargento Dick Thompson se despidió y regresó a la base. Desde la torre de control, emitieron un mensaje para la señorita. Elizabeth acudió y le dieron un teléfono.

—¿Con quién tengo el placer? —preguntó precavida.

—Tengo entendido que usted tiene mucha experiencia en el campo de los negocios—dijo una voz.

El tono era claro y directo. Elizabeth analizó la frase y respondió.

—O me dice con quién hablo o cuelgo el teléfono.

—Señorita Rousseff, si de verdad quisiera colgar, ya lo hubiera hecho—Elizabeth tragó saliva—. Me honra comunicarle que mi empresa será la que instalé la red MILNET en la base militar donde se encuentra—Elizabeth miró el teléfono y descubrió una tarjeta de visita adherida en la parte trasera. Tuvo una ligera sensación, se dio la vuelta y comprobó que estaba sola en la habitación.

—Siga…—Cogió la tarjeta y un escalofrío recorrió su cuerpo—. Dígame que quiere.

—Me gustaría ofrecerle un puesto en nuestra empresa. Somos un grupo reducido pero muy bien conectado con las grandes empresas del mundo. A mi superior le honraría que aceptase una reunión informativa.

—Podría hacer un hueco en mi agenda—respondió guardando la tarjeta en el bolsillo de su blusa.

---

[38] **Mili**tary **Net**work, Red de comunicación militar instaurada en 1983 para separarla de ARPANET, a partir de la cual se crearía más tarde Internet.

—Una última cosa, ¿tiene experiencia con empresas asiáticas?

Esa pregunta le pilló por sorpresa

—Mi especialidad es Sudamérica y Oriente Próximo. Vietnam fue un duro golpe para la publicidad. Nunca hemos tenido necesidad de expandirnos más.

—Entonces le gustarán nuestras redes de comercio. Nos veremos pronto, señorita Rousseff. Le doy mi palabra.

# 38

**Futuro**
**Centro de entrenamiento Camp Blanding, Florida, 1984**

El Hércules, propiedad de la fuerza de los Estados Unidos, solicitaba permiso para aterrizar en suelo americano. Dos soldados cuchicheaban mientras el sargento daba un discurso.

—¿Entonces se lo vas a decir? Si no, la perderás—preguntó de manera muy silenciosa el soldado Stuart Manfree.

—Primero tengo que preguntarle al sargento. Como me diga que no puedo quedarme, me muero—respondió el soldado Jack Evans.

—¡Bien señoritas!—Informaba el sargento Dick Thompson desde la bodega del avión—. Han finalizado sus 48 meses[39] de reclutamiento voluntario. Se han embolsado cien mil dólares y han disfrutado cuatro veces de vacaciones mensuales pagadas a cargo del gobierno. ¡¿Sí o no?!

—¡Señor, sí, señor!—respondieron todos.

Una luz se encendió. La voz del piloto anunció que estaban llegando a casa.

—Me alegro de anunciarlos de que si desean alistarse de manera oficial pueden ir a cualquier puesto de reclutamiento, sólo han de indicar el nombre de su batallón y actualizaran su expediente. ¿Ha quedado claro?

—¡Señor, sí, señor!

El avión tomaba tierra y en el interior se respiraba el aire de su ciudad, habían vuelto a casa. El soldado Jack Evans sacó una foto de su bolsillo y se acercó al sargento.

—Señor, me gustaría hablar con usted sobre lo que ha comentado.

---

[39] Referencia al capítulo «Campamento Eggers» de «La llave de la eternidad».

—Soldado Evans. No estamos de servicio, puede llamarme Dick.

—Verá, me he sentido útil sirviendo a mi país…— Dick le prestó atención y se fijó en la foto—. Pero me gustaría estar una temporada por aquí antes de volver a salir fuera, ¿me entiende?

—Entiendo— Dick puso sus manos sobre los hombros de Jack— Dime una cosa, ¿tiene esa petición que ver con eso que escondes tan mal hijo?—respondió señalando la fotografía con la mirada. Jack Evans se guardó la foto en el bolsillo y asintió—. Supongo que tienes que poner ciertos asuntos en orden antes de volver a la acción.

—Exacto, señor. Es cuestión de vida o muerte.

Dick sacó una tarjeta de su bolsillo y se la entregó.

—El día que estés listo llámame y yo me encargaré de todo—Jack cogió la tarjeta con mano firme—. Que sepas que no suelo hacer eso, no hay que dar tratos de favor a los reclutas—Le guiñó un ojo.

Jack se retiró. Su compañero le sorprendió por la espalda y siguieron al resto de compañeros hasta la base.

Tras varios permisos concedidos a lo largo de los cuatro años, había tomado una decisión. Desde la base de Kabul había contactado con su prometida para indicarle la hora de llegada al país. Allí, en el aparcamiento, la futura señora Evans lo esperaba en una camioneta.

Jack dejó su bolsa en la parte de atrás y se puso al volante.

—Mi héroe ha vuelto—Le saludó saltando sobre él y entregándole un cariñoso beso.

—Y durante algún tiempo—respondió abrazando a su prometida.

Ella le miró a los ojos y vio ese brillo.

—¿Tienes pensado volver?

—Mejor lo hablamos luego—Encendió el motor—. Quiero visitar una zona, ¿te apuntas a una aventura?

Jack puso dirección al río ST. John para dirigirse a la costa Este. Minutos después, detuvo el motor y se quedaron quietos dentro de la camioneta.

—En serio, ¿quieres ver un castillo antiguo?—preguntó Ellen mientras Jack observaba la fortaleza de piedra—. Se llama «Castillo de San Marcos[40]».

—El sargento nos ha contado muchas anécdotas. Es parte de nuestra historia, ha sobrevivido a varias guerras, en cierta medida, me siento identificado. Acabo de regresar de un país en guerra.

—Respecto a eso quería hablarte—respondió Evelyn recostándose en su regazo—. Mi madre me ha dado un ultimátum con respecto a nosotros, no quiere que pase por lo mismo.

Jack entendió el mensaje, la historia de su familia. Su padre desapareció en la guerra de Vietnam y no hubo más noticias sobre él. Jack no iba a permitir que eso pasara.

—Tengo buenas noticias—Ella sonrió—. El sargento me ha dicho, personalmente, que no hay prisa para que regrese al servicio activo—Metió su mano en su bolsillo y sacó un pequeño estuche—. Y, además, me ha ordenado que ponga mis asuntos en orden. De modo, que…—salió del vehículo, se arrodilló, abrió el estuche y sacó un anillo—. Evelyn Stevens, ¿quieres casarte conmigo?

Ella le respondió con un beso y respondió «sí».

Se tiraron en la hierba de la explanada y disfrutaron del momento.

---

[40] Referencia al cuartel general de Industrias Astratech.

# 39

**Testamento**
**1989**

El administrador Vincent Forrestal repasaba en su despacho una transcripción por escrito que había recibido del general Bart Sheppard sobre el Castillo de Coral unos día atrás.

Era consciente de que jugaba a varias bandas, y sus mejores ases estaban tanto al Norte como al Sur del continente, pero si quería obtener información valiosa que no estuviera comprometida para ayudarle en su plan de expandirse, no había necesidad de mezclarlos entre sí. Los negocios eran así.

Había conseguido reunir, en la que hasta ese momento, había sido la perfecta ubicación secreta, a la mayor parte del grupo de mentes prodigiosas y el último de ellos había resultado ser una gran promesa.

—De modo que el novato ha accedido al cuaderno de notas del famoso Nikola Tesla y el Castillo ha sido asediado. Esto es interesante—Las características de los miembros era de lo más peculiar—. ¡Menudo grupo de cerebros!

Su teléfono sonó. Su secretaria le avisó de que un hombre de uniforme requería hablar con él.

—No tengo a nadie en la agenda.

—Dice que usted le instaló en Florida.

Esa palabra le dio una pista, de modo que confirmó la cita. Sólo podía tratarse de una persona, la puerta se abrió y un hombre de edad mayor entró.

—Buenas noches, administrador.

—Buenas noches, general. Acabo de leer su informe. Sencillamente, revelador—reflexionó un momento—. Por cierto, ¿cuántos años lleva en activo?—Bart tomó asiento—Más de cuarenta según su expediente.

—Y muy bien aprovechados—Respondió cruzando una pierna—. Ha sido un placer participar en esta aventura.

—¿Ha pensado en tomarse unas vacaciones? Ya sabe, pasar el testigo. Ese tal Stuart Manfree parece un buen activo para invertir.

—Sí, es cierto. Ha sido sorprendente lo que descubrió en su visión del libro.

Bart observó el despacho, miró a la pared y empezó a reírse.

—¿Qué le hace tanta gracia?—preguntó Vincent observando la mirada del general.

—Han pasado casi treinta años desde esa reunión... Tu padre, que en paz descanse, te instruyó bien.

Vincent estaba confuso, era imposible que él tuviera conocimiento del despacho secreto. Bart estaba muy tranquilo, demasiado, no le gustaron las vibraciones que recibía. Disimuladamente, movió su mano hacia el botón secreto de su mesa sin quitarle el ojo de encima.

Sin tiempo para reaccionar, Bart se inclinó, le clavó una aguja en el brazo, se volvió a sentar y continuó observando al administrador. Vincent notó que el brazo no le respondía, intentó levantarse pero las piernas tampoco le respondieron.

—¿Qué me has hecho?—Su voz le temblaba y su cara empezó a ponerse pálida.

Bart miró fijamente a su supuesto colega y le enseñó varias fotografías. Vincent tragó saliva pero tosió sangre.

«Las fotografías habían sido obtenidas en el interior de un restaurante usando varias técnicas. En las imagen, la escena mostraba una reunión de negocios de pocas personas, donde Vincent Forrestal entregaba varios documentos a dos hombres americanos, rompiendo el acuerdo de centrarse en socios extranjeros».

—¿De dónde has obtenido esas fotos? No hubo nadie más allí.
—Te recuerdo que tus contactos son mis contactos. No me gusta que me traicionen, sobre todo por el enorme sacrificio y tiempo que he invertido por esta alianza—Sacó un documento de su chaqueta—. Y por último, tomaré esto prestado.

Vincent, sin fuerzas para mantenerse despierto, abrió los ojos de par en par cuando leyó las primeras líneas.

«Don Vincent Forrestal, mayor de edad, hijo de James Forrestal. […] Instituye y nombra único y universal heredero de todos sus bienes, derechos y acciones, al general Bartholomew Sheppard. […]».

—¿Cómo te atreves?—gritó Vincent lleno de furia. Las venas del cuello se le marcaron completamente—¡Te lo he dado todo!
—Y te lo agradezco en el alma, no te preocupes por la veracidad de tu firma, he conseguido que la reproduzcan exactamente igual. No es nada personal querido amigo, sólo son negocios. No me puedo permitir que influyas en el esquema que tengo planeado para expandir la empresa
—¿Crees que eso influye en vuestra expansión?— respondió con dificultades para hablar. Las pulsaciones de Vincent aumentaron progresivamente y empezó a fallarle el aire—. Me ofrecieron nuevos fondos de inversión. ¿Por qué no intentarlo si eso beneficia a todos?
—Verás—Sacó una tarjeta con una piedra en su centro—. Mi ayudante, el actual doctor Ezequiel Jamil, encontró un mineral que podía acumular energía. Lo llamaban Carbino. Entonces se le ocurrió la idea de intentar usar esa propiedad con el único objeto arcano que

conocemos. En mis visiones siempre he visto un lugar diferente a todos en este mundo al que algún día tengo pensado ir si la vida me lo permite, de modo que, en una de mis sesiones, cogí esa piedra y de alguna manera conseguí transferir algunas imágenes. Se la cedí a Ezequiel y al tocarla, las describió... ¡Y funcionó! Ahora quiero que tú las veas para que descubras aquello que nunca verás ni poseerás.

Bart se inclinó y Vincent no pudo evitar que le colocase la tarjeta en la frente. Sus pupilas se dilataron. Su mente viajó a otro mundo. Nunca había visto algo así.

Pero el tiempo le traicionó, se quedó sin aire, iba a morir, se quedó quieto, impasible. Bart se levantó y presionó un resorte del escritorio. La pared se movió descubriendo su secreto. Cargó con el cuerpo y lo escondió dentro de la habitación secreta. Se aseguró de tapar la pared y salió del despacho.

—Hola, Margaret—La secretaria le miró con una sonrisa—, el señor Forrestal ha dicho que puede cogerse unas vacaciones y que no se preocupe por nada.

—¿En serio?—Se llevó las manos a la cara—. Lleva tiempo comentándolo pero nunca ha dicho nada.

—Pues hoy es su día de suerte. Disfrute, se las merece.

# 40

## Alianza
## Caracas, Colombia, 1993

La noche estaba ligeramente iluminada por el brillo de la luna. El jeep encendió las luces largas, no podían permitirse perder ese envío. Según el radar, el paquete estaba cerca, a pocos kilómetros. La respuesta llegó en el aire, una avioneta mantenía la altitud cerca de la ciudad.

—Si no desciende más se estrellará—señaló una mujer.

—Eso es irrelevante. Sólo nos interesa su contenido—dijo un hombre cuyo cuello resplandeció al momento.

—Veo que es importante—comentó la mujer mirando de reojo el tatuaje de su compañero—¿Tanto como para no evitar daños colaterales?

Su compañero apagó el motor, no quería ser descubierto. Miró en la parte de atrás del jeep y cogió un estuche de metal. Su compañera no daba crédito.

—Te repito que me da igual—respondió el hombre. Sacó un arma del estuche, se lo apoyó al hombro, colocó la mirilla y apuntó a su objetivo.

—Tienes buenos contactos, eso lo admito.

—Me deben muchos favores—respondió él—. No es causal que sepa el momento exacto de este aterrizaje. En este caso, el fin justifica los medios. Necesito la información que porta esa avioneta.

El GPS indicaba que estaba a menos de un kilómetro de distancia. Podían oírlo. Dicho y hecho, apuntó con el Stinger y disparó el misil. El pequeño proyectil impactó en el motor y la avioneta comenzó a descender peligrosamente hacia la periferia de la ciudad.

—¡Sobrepasará la entrada!—dijo la mujer intentando medir la trayectoria—. Será mejor que tomar posiciones.

Ocultaron el vehículo en un lugar seguro y se desplazaron por el terreno. La mujer subió a la azotea de un pequeño edificio y sacó los prismáticos para observar la avioneta. La imagen le sorprendió

—¡Daniel!—gritó ella—. Prepárate para recoger tu paquete. Está a punto de saltar

Desde su posición, su compañero esperaba impaciente.

Un cuerpo sobresalió del aeroplano y saltó para ganar distancia del inevitable impacto. El tejado donde impactó no soportó la fuerza de la caída y el cuerpo atravesó la frágil superficie hasta el primer piso. El polvo de los escombros le ocultó temporalmente, comprobó que no se había roto nada y buscó su equipaje, lo tenía bien agarrado de la mano. No perdió el tiempo y buscó una salida, pero antes de levantarse, una de las vigas cayó encima suyo y le dejó inconsciente.

Daniel se acercó a investigar.

Entró en el edificio e intentó acceder a los escombros. Lo tenía delante. Su contacto le había avisado de que alguien relacionado con una gran empresa americana iría escondido en ese avión. Alguien con la suficiente información para encontrar una solución a su problema. Localizó una cartera de cuero, la mano del superviviente estaba bien cerrada. Con suavidad, inspeccionó el contenido. ¡Era cierto! En una de las carpetas estaba lo que buscaba «Expedientes, investigaciones, inversores... Todo llevaba el logo de una empresa llamada Industrias Astratech». Observó que el hombre llevaba una cadena, la cogió con cuidado y leyó la inscripción. «Jack Evans. Marine de los EE.UU.».

Una ráfaga de disparos resonaron en el exterior.

—¡Gabrielle!—Daniel llamó a su compañera desde el comunicador de su oreja—. Parece que alguien más está igual de interesado en este tío, tenemos que irnos. ¡Cúbreme, tengo el paquete!

Daniel cargó con Jack y se acercó a la entrada principal. Un camión guerrillero se acercaba por una calle. Un disparó hecho desde las alturas pinchó una de las ruedas y el camión colisionó contra un edificio. Daniel caminó lo más rápido que pudo pero un sonido le puso a la defensiva. Miró de reojo y su peor pesadilla estaba delante suyo. La expansión provocada por una granada les empujó contra un camión de reparto.

—¡Mierda!—gruñó Daniel.

Jack, involuntariamente, devolvió encima de su salvador. Daniel suspiró y se levantó para proseguir con la huida. Una serie de disparos ejecutados por su compañera terminó con sus perseguidores. Daniel corrió hasta el jeep y dejó a Jack en el asiento del copiloto.

—¡Prepárate! Nos vamos—gritó.

Jack empezó a tambalearse y terminó cayendo al regazo de su salvador, al instante, entró en trance. Daniel recibió una extraña descarga y recordó el momento del accidente[41] de energía en su laboratorio que le arrastró hasta ese período de la historia. Paró el coche en seco, no deseaba otro accidente. Su compañera le esperaba a pocos metros.

—Vaya con el paquete—murmuró visualizando la escena.

—No es lo que parece—Daniel esquivó el comentario, no era momento de malinterpretaciones.

—El paquete esta inconsciente—respondió ella sin entender el nerviosismos de su amigo.

—Exacto—reaccionó y colocó a Jack derecho en el asiento—. Ahora sube, nos largamos.

—Estas muy raro últimamente.

Tenía lo que había ido a buscar, respuestas, y nadie se las iba a quitar. Una hora después, llegaron a su escondite. Daniel se acercó a una valla y desconectó la electricidad. Gabrielle pisó el acelerador

---

[41] Referencia al Capitulo «Resplandor».

mientras su compañero abría la puerta.. Tras cubrir el vehículo con una lona, se acercaron a una enorme viga y accedieron a un ascensor secreto. Estaban a salvo.

—Algo me dice que este hombre me responderá a muchas preguntas. ¿Crees que estoy raro?—Salieron del ascensor, habían llegado a su cuartel general—¿Recuerdas el trato que tengo con mi socio Jessup?—Ella asintió—. Según me ha informado, este hombre conoce a la mano derecha del general Bart Sheppard, el tal Stuart Manfree, el del entierro, es más, fueron compañeros en el ejército. Por eso estoy tan alterado, cuando mi fuente me comunicó que había un fugitivo americano con documentos de Industrias Astratech llegando en una avioneta a este país, no lo dude ni un instante.

Gabrielle observó al invitado. Lo habían dejado tendido sobre una camilla de la enfermería, presentaba una contusión en la cabeza que tenía fácil solución. Lo difícil podría ser cuando despertara.

—¿Qué le vas a contar?—le preguntó.

—Sólo lo necesario—Daniel se acercó a su invitado y le puso la mano en la frente—, y no puedo perder el tiempo.

La contusión se curó rápidamente y Jack reaccionó a la inyección de adrenalina. Su brazo cogió por sorpresa el de Daniel y ambos se vieron teletransportados psíquicamente a otra habitación.

«Delante de ellos había un gran ventanal. Daniel reconoció el lugar que creía haber olvidado, la torre de la ciudad».

Su nuevo compañero, perplejo, le soltó el brazo lentamente y se acercó a la ventana.

—¿Qué es éste lugar y quién eres tú?—Fue lo primero que se le ocurrió.

Eso mismo quería saber él. ¿Por qué precisamente en ese lugar? Aprovechó la sorpresa y trató de sacar información.

—¿Eran muy amigos?—preguntó el anfitrión.

Jack no entendió la pregunta. Pero dado que seguía vivo y no sabía dónde estaba, sólo se podía referir a una persona.

—Hasta hace poco éramos como hermanos.

Daniel dibujó una sonrisa, tenía otra pregunta.

—Antes de esa operación, en cierto hangar... ¿Se dieron la mano?

Jack no entendió el objetivo de la pregunta, pero la visión que tenía por esa ventana trascendía la respuesta. Prefirió no mentir.

—Es posible. Fue un encuentro casi familiar. Digamos que sí.

Jack movía la cabeza estudiando la zona hasta que reparó en algo. Entonces Daniel lo entendió.

—Ya sé por qué estamos aquí—Daniel miró la ventana—. Ese Manfree es un cabrón muy especial. Tanto que gracias a él, estamos hoy en este lugar, en la parte más alta de mi ciudad.

Jack le miró de reojo, no podía estar hablando en serio. Ese lugar llevaba varios cientos de años de adelantado tecnológico. Volvió a mirar por la ventana. Faltaba algo, no veía gente. ¿Entonces no era real?

—Respondiendo a tu pegunta, estamos dentro de mi mente, por eso no ves gente. Sólo se reproducen ciertos elementos, como los edificios.

—¿Y esa estatua gigante de allí también es un recuerdo?—Jack reflexionó—. Su cara me suena muchísimo.

Daniel volvió a mirar, no se había fijado en la plaza circular. En efecto, eso estaba donde tenía que estar.

La habitación empezó a temblar.

—¿Esto también es un recuerdo?—insistió Jack.

—Lo dudo—respondió Daniel—, seguramente sea...

«La conexión terminó y ambos despertaron en la enfermería».

Daniel se masajeó la cara mientras su tatuaje se apagaba progresivamente. Jack comprobó su cabeza mientras se recuperaba y reaccionó ante esa imagen.

—¡Exijo una explicación!—Saltó de la camilla y se puso a la defensiva con el primer objeto que encontró—...Si quieren que colabore de alguna manera.

Daniel se pasó la mano por su corta cabellera, suspiró y le miró.

—Digamos que somos un grupo independiente con fondos ilimitados americanos, respaldados por gente muy importante de tu antiguo gobierno—Jack le miró fijamente y después a su compañera. Ella no era americana—. Ella se unió hace relativamente poco—explicó.

—Entiendo—comprobó la habitación—. Por lo tanto tu llevas más tiempo—resumió Jack mirando su cuello.

—Exactamente cincuenta años.

Jack se volvió a tocar la cabeza. No había sangre ni cicatriz. Sólo había una explicación lógica aunque rebuscada.

—¿Eres un experimento del gobierno súper secreto o algo así?

Ambos compañeros pestañearon al unísono. A Daniel le entró la risa y se apoyó contra la puerta.

—Tiene sentido del humor—respondió Daniel intentando comportarse—, eso lo hará más fácil—Jack arqueó una ceja y se relajó—. Si no le importa, Jack, le tutearé y dejaremos esa explicación para más tarde. Creo que ha visto lo suficiente para conocer la expansión de este asunto—Jack asintió—. De momento sólo me interesa una cosa—Señaló a su mochila—, y es que me cuente todo lo que sabe sobre Stuart Manfree y su círculo de confianza. Pero primero si no le importa—Le hizo una señal a Gabrielle—, me tengo que tomar la medicación.

Gabrielle sacó un estuche de un armario, extrajo una jeringuilla preparada, se la administró a Daniel y él abrió y cerró la mano.

—¿Se lo vas a enseñar?—le preguntó su compañera al oído.

Le hizo un gesto a Jack para que esperase y salieron de la habitación.

—Es usted de confianza, ¿verdad, Jack?—preguntó elevando la voz para que le oyera—. ¿Sabe?, necesitaremos a alguien aquí acumulando datos cuando no estemos—Miró de reojo al invitado— ¿Sabes algo de informática?—Jack movió la cabeza—. Tranquilo, te enseñaremos—Daniel le indicó que saliera al pasillo, sacó una llave y abrió una puerta—. ¿Recuerdas mi gran respuesta de antes?—Jack miró el interior de la habitación y se le dilataron la pupilas—. Te presentó nuestra base de operaciones—Varios ordenadores y una colección de pantallas adornaban las cuatro paredes—, esto que ves no saldrá al mercado hasta dentro de muchos años.

Jack inspeccionó el equipo. Reconocía algunos aparatos del campamento.

—¿Y exactamente cuál será mi función?

Gabrielle sonrió. No tenían que deshacerse de él.

—Tranquilo, será sencillo—Encendió el equipo y accedieron a una carpeta con documentos—. Necesito que introduzcas todo el material que tengas en papel y en la cabeza en el ordenador. ¿Me harás ese favor?

Jack le miró fijamente

—¿Y yo que ganó con todo eso?

—Te ayudaremos en todo lo que necesites. ¿Hay trato?

Jack aceptó.

# 41

**Coordenadas**
**14 Febrero 1997**

Jack comprobó que nadie le había seguido. Inhabilitó la energía de la red electrificada y accedió al almacén, sólo le quedaba entrar en el ascensor secreto y estaría en casa. Se dirigió a la enfermería cojeando, de la manera que pudo, dejó la mochila en el suelo y se curó el corte que tenía en la pierna. Se tomó varios analgésicos y respiró hondo.

Sabía que le esperaba una tarde muy larga, pero primero fue a su habitación.

Durante esos años había estado preparando una mapa de localizaciones de los envíos de Industrias Astratech. Siempre que contemplaba los hilos del mapa recordaba el extraño acuerdo que le propusieron sus nuevos compañeros: «Estancia gratuita a cambio de compartir información».

Una bombilla verde se encendió en el techo, significaba que tenía visita. Escuchó varios pasos en el pasillo, alguien había entrado en la otra habitación. Jack pudo escuchar el peculiar sonido de los ventiladores refrigerando el sistema.

Daniel se puso los auriculares e inició una conferencia.

—¿Cómo esta nuestro nuevo soldado?—preguntó su socio Jessup junior.

—Adaptado y trabajador, vamos avanzando—Daniel accedió a un fichero del ordenador— ¿Tienen el dossier de la redada al Castillo de Coral?

—De momento sigue resistiéndose en salir a la luz, ellos también tienen su influencia. Somos dos bandos diferentes.

Inició un programa de mapeo e introdujo varias localizaciones.

—Sigo con la búsqueda de su distribuidor, tengo información sobre varios puntos pero nada es concreto. No dejan huellas y la gente se niega a hablar.

Desde el pasillo, Jack prestaba atención a la conversación. ¿Distribuidores? ¿Se refería a los envíos de Astratech?

—Puede que nuestro amigo guarde algún as bajo la manga. ¿Sabe dónde está?—preguntó la voz.

—Sí, señor, en su habitación. Creo que tiene su propia investigación.

—Está en su derecho, *Quid pro quo*—La imagen de la pantalla mostró un documento—. Tenemos noticias interesantes, le va a gustar.

Jack se acercó más a la puerta.

—Supongo que conoce el informe sobre la noche de hace cincuenta años en Filadelfia—Daniel asintió—. Pero lo que no nombra es que Albert Einstein descubrió una caja metálica antes de abandonar dichas instalaciones.

Daniel arqueó una ceja.

—Explíquese.

—Indicar que esta información acaba de salir a la luz, la caja en cuestión la poseía un heredero del señor Albert Einstein, y parece que en su interior había una llave y documentos. Todo está en posesión del M.I.T.—La cara del Jessup Junior lo miró fijamente—¿Algo que añadir?

—De momento, no—Daniel respiró hondo. Su tatuaje se iluminó pero pronto se normalizó—. He de analizar la nueva información que Jack haya traído. Intentaré colarme en la red del gobierno para averiguar más información. Ya sabe, entre ceros y unos.

—¡No te pierdas en el ciberespacio!—Señaló con el dedo índice—.. No tengo con quien reemplazarte, agradezco tenerle aquí y estar participando en esta aventura conjuntamente.

Daniel cerró la conversación.

Sin hacer ruido, Jack regresó a su habitación, cerró su puerta, miró el mapa de su pizarra y señaló las coordenadas más probables.

Daniel llamó a su puerta. Jack espero unos segundos.

—¿Quién es?—preguntó.

—Tu compañero de piso—respondió sarcásticamente— Oye, ¿algún día me enseñarás lo que tienes ahí dentro? Sé que estás trabajando en algo.

—Te prometo que el día que esté terminado te lo mostraré. Todavía tiene agujeros y los proyectos hay que enseñarlo terminados.

—De acuerdo—Dio un paso atrás y se quedó quieto—. Tienes la red disponible por si quieres estar ocupado. Voy a liberar estrés con el saco.

Las pisadas de su amigo se perdieron por el pasillo. Jack agarró el borde la pizarra y la giró ciento chenta grados. Su segundo proyecto tenía dificultades para completarse. La información que se llevó del despacho de Stuart le había proporcionado un esquema parcial de la jerarquía empresarial de Industria Astratech. Conocía los trabajos de sus compañeros, pero desconocía sus perfiles e investigaciones.

« Bart Sheppard: estrategia; Melinda Kuhn: Química; Arnold Morgan: bioquímica; Ezequiel Jamil: neurociencia; Roderick Schiff: comunicaciones; Alexei Baskov: ingeniería; Otto Warburg: matemáticas; Elizabeth Rousseff: polimerología; Inesh Lazard: electromagnetismo; Carl Sagan: astronomía; Paul Sheppard: criptología artística».

Era un puzle muy grande, los largos tentáculos de un pulpo enorme, necesitaba saber el origen de cada uno de ellos o, al menos, algo que le diera alguna pista de sus *modus operandi*..

# 42

## Socios
## 2003

La transferencia de documentos se completó. El jefe de la organización conocida como «El círculo», Morris Jessup junior, analizaba el último informe que había llegado a sus manos.

—Daniel, creo que estará satisfecho con la actualización de sus sistemas informáticos. Me sorprendió la cantidad de monitores de diferentes tamaños que pidió, pero supuse que era para avanzar en sus investigaciones y mejorar su rendimiento—Daniel miraba otra pantalla y jugaba con una pelota de goma—, y si no necesita algo, también lo puede decir—Daniel activó un artefacto del tamaño de una caja de zapatos, lo colocó delante de la pantalla de su jefe y una imagen se proyectó sobre él— ¿Qué es eso?

La imagen pertenecía al archivo de documentos, un representación tridimensional de su propio expediente.

—¿Te imaginas aplicar esta tecnología a cualquier cosa?—Jessup prestó atención—. Presentaciones, desarrollo, paisajes,… En principio, cualquier tipos de archivo, documento y video.

—¡Está muy bien!—respondió sorprendido—. Pero yo tengo algo mejor para ti—Daniel dejó de mirar su invento—, creo que hemos conseguido la solución—Daniel sabía a qué se refería, se puso tenso y esperó la respuesta—, pero tenemos un problema.

—No me digas que con los recursos que poséis no podéis entrar en Astratech. Si yo lo intentara, Rod me descubriría

—No, no es por cuestión de contactos, es por cuestión de tecnología. El doctor Schiff ha actualizado todo el sistema informático de su empresa, ahora es impenetrable por los medios rutinarios. Nos han informado que Astratech ha firmado un acuerdo a largo plazo con el Instituto Tecnológico de Massachusetts. Es lógico que tenga miedo de que alguien penetre en su empresa y filtre documentos confidenciales. Tendremos que buscar otra vía[42] de entrada a ese Castillo.

—Sí, ese desastre…—Daniel se dejó caer en el sillón de la habitación—. No sé, llámame paranoico, pero algo no encaja. Fue mucha casualidad que el FBI uniera tantos hilos con la seguridad que tienen.

—Nosotros a lo nuestro. Sabemos que el general se ha estado reuniendo con varios líderes mundiales—En las pantallas aparecieron varias imágenes de fotos oficiales—. Son gente muy poderosa que escapa a nuestros cables de información. Y sobre todo uno en especial, su socio asiático. Es como un fantasma.

El proyector de Daniel mostró otro expediente.

—Jayden Yamata, presidente de la Corporación Yamata de Japón y presunto distribuidor de Industrias Astratech. Suponemos que hay pocas imágenes por culpa de las interferencias de sus satélites. Es impresionante. Tienen su propia red de información privada. Nuestra red MILNET no llega a esos niveles.

Jessup, desde su despacho, seleccionó una carpeta en su ordenador y la puso en la pantalla general.

—Algo me dice que simpatizas mucho con nuestro nuevo integrante.

—El señor Evans ha demostrado ser alguien de confianza—respondió Daniel—. Y creo que ha llegado la hora de devolverle el favor.

---

[42] Referencia al capítulo «El técnico».

—¿Qué sugiere Daniel?—Jessup apoyó los codos en la mesa y le miró fijamente—¿Qué le pinchemos el teléfono?

Daniel accedió a una carpeta

—El señor Evans ha sido muy listo. No sé si lo ha hecho de manera indirecta, pero he encontrado el expediente de su hijo. Ya sabe, el que tuvo que dejar por temas de seguridad—Jessup arqueó una ceja—. Me gustaría monitorizarle complemente. Su casa, alrededores, trabajo… No quiero que el señor Manfree le localice y monte una escena.

—Eso requeriría desplegar un equipo táctico.

Daniel reflexionó. Existía otra opción.

—Me ha dado una idea—Le dibujó una sonrisa a su jefe—. Se podría pinchar las comunicaciones de un equipo[43] ya existente—Jessup sopesó la idea—. Sé que nos arriesgaríamos a que le encuentre y le mate, pero no tendría sentido que lo hiciera sin notificárselo al padre—Jessup asintió—. Ahorraría dinero, equipo y sólo requeriría supervisión. Déjeme encargarme de ello. Si Stuart ha organizado un equipo táctico para buscar a Patrick Stevens, intervendremos todas sus comunicaciones.

---

[43] Referencia al equipo táctico liderado por Francesca en «La llave de la eternidad».

# 43

**Realidad Digital**
**Japón, 2008**

La red eléctrica se colapsaba. La masiva cantidad de información que entraba en los servidores de la empresa volvía locos los ordenadores. Elizabeth no encontró otra alternativa y decidió apagar todo el sistema.

—Jayden, entiendo que quiera contentar a la directora del banco chino, pero el programa no está preparado para gestionar todo el país.

—Allende casi lo consiguió hace cuarenta años en Chile[44]. ¿Por qué yo no puedo?—respondió enfadado— ¿Qué se nos escapa?

Elizabeth reconectó el sistema pero, al siguiente intento, volvió a caer la energía.

—No lo entiendo—respondió ella— ¿Ni siquiera un intento?— Accedió al ordenador y comprobó la red energética de toda la isla. Una de las áreas estaba robando grandes cantidades de energía— ¿Qué hay allí?

Jayden observó el mapa de la pantalla.

—Tu jefe—respondió.

Elizabeth no entendió la respuesta. Aunque hubiera una persona en un laboratorio, era imposible que consumiera tantos recursos.

—¿Y se puede saber por qué nadie me lo ha comentado ha comentado?

Jayden reflexionó desde su sillón. La década estaba a punto de terminar y la tecnología estaba a punto de dar un brinco alucinante. Cualquier idea era bienvenida.

—En mi defensa, me convenció para usarlo ilimitadamente. Dice

---

[44] Referencia al capítulo «Vaticinio».

que tiene un proyecto que lo revolucionará todo. Entretenimiento, ocio, sociedad, turismo, investigación… Todo en el mismo producto.

Elizabeth arqueó una ceja, conocía esa leyenda.

—La realidad virtual es un mito, señor. El primer casco[45] se construyó en los años 60, y todavía hoy nadie ha sido capaz de resolver el problema de los mareos, funcionar en tiempo real… Y lo más importante—Jayden prestó atención—, el tamaño del aparato. Tiene que ser ligero y cómodo para poder ofrecerlo comercialmente.

Jayden se levantó, se acercó a su biblioteca privada y movió la mano entre su colección de libros para seleccionar uno.

—Hace tiempo que se escribió este volumen. Es un manifiesto[46] sobre la tecnología. «Somos las mentes electrónicas, un grupo de rebeldes de mente abierta [...]. Estamos en todos sitios, no conocemos límites». Así deberían ser las empresas, emprendedoras. Por eso el señor Manfree tiene mi permiso. Ese hombre creará algo innovador, puede que tarde varios años más… Pero lo sé.

—Pues si va a seguir ahí tendremos que redistribuir su trabajo, nos deja sin rango de energía—Buscó soluciones en el ordenador—. Así no se puede hacer nada. Tendremos que usar un laboratorio como centro de datos

—Me niego a guardar nada de ese proyecto aquí—Elizabeth le miró sorprendida—. Ten en cuenta la cantidad de laboratorios que tenemos en esta isla. Si algún día surgiera un imprevisto, el gobierno nos investigaría y no pienso pasar por eso—Jayden accedió a su agenda personal—. Llevo un tiempo pensando en guardar las investigaciones fuera de esta isla—Localizó una tarjeta—Apunta este contacto, será tu próximo trabajo.

El nombre de la empresa era «Digital Reality». Elizabeth sacó su

---

[45] Philco Corp., 1961, construye el primer casco que permitía ver imágenes en movimiento y llevaba un sensor magnético para la orientación de la cabeza.
[46] Manifiesto Ciberpunk, 14-Febrero-1997.

teléfono y marcó el número. Jayden accedió a su ordenador y abrió una comunicación.

—Señor Manfree, ¿sigue vivo?—La pantalla mostraba una habitación donde varias pantallas colgaban de un esqueleto metálico y una persona descansaba en una silla informatizada—¡Stuart!

—¿Señor?—Se quitó unas gafas de realidad virtual—¿Le puedo ayudar? Ahora mismo me pilla ocupado.

—Te recuerdo que esas instalaciones son mías—señaló en tono sarcástico—¿Cómo va ese proyecto de la realidad virtual?

—Progresando—Miró a la pantalla—. Me vino bien ese curso intensivo de diseño—Se estiró el cuello y resonaron varias vertebras—. Ahora estoy transcribiendo la primera parte del libro a un programa de edición, pero aún me quedan varios años para terminarlo—Stuart miro el reloj de la habitación—¿Me llama por algo en concreto?

—Sí, he decidido contratar los servicios de una empresa de datos extranjera para guardar nuestras investigaciones.

Stuart reflexionó, miró a la pantalla y le respondió.

—¿Eso me influye en algo?

Elizabeth estaba sentada al otro lado de la mesa y le indicó a Jayden que fuera al grano. Yamata aprovechó para terminar la conversación.

—Le recomiendo que avance más rápido, Stuart—Se despidió con un gesto—. Le llamaré pronto.

La conexión con Stuart terminó.

—He descubierto algo muy interesante—anunció Elizabeth, se sentó en su silla y cruzó las piernas—¿Adivine a quién le distribuye los datos la empresa que me ha dicho?—Jayden se apoyó sobre su brazo—. Al M.I.T., nuestro socio.

—Me encanta que el universo siempre esté de nuestro lado. Debería saber que la filosofía oriental tiene su propio camino sobre la vida. «Somos el aire que respiramos y el polvo que pisamos al caminar. Somos todo, somos el Universo visible y el invisible»—Miró a su socia— ¿Cómo se te queda el cuerpo?

Elizabeth volvió a cruzar la piernas.

—Ahora no es momento de eso, Jayden—La luz se volvió a ir en la habitación. Elizabeth accedió al sistema de la red eléctrica y apagó toda la red de la empresa—. Lo siento, pero ya estoy harta—Jayden se llevó las manos a la cara— ¿Qué coño está haciendo Stuart?—Se inclinó sobre la mesa y encendió la pantalla de Jayden. La imagen mostraba la habitación de Stuart con sus paredes cubiertas de pantallas y varias imágenes que la dejaron sin habla—. Son escenas del libro...—respondió perpleja mirando fijamente a la pantalla—¿Por qué no me lo ha dicho?

—Si cuentas una sorpresa deja de ser una sorpresa—Jayden Yamata dejó un poco de espacio a su socia. La tenía literalmente encima de la mesa— ¿Necesitas espacio?

—No hace falta—Elizabeth regresó a su asiento y se centró en lo que había visto—. De modo que está digitalizando toda esa parte del libro en el ordenador, es la principal razón de la falta de energía.

—Lleva un par de años con ello, desde que terminó su sección y se la envió a Alexei para empezar la fabricación. Es la razón por la que no ha aparecido por casa.

—Teniendo en cuenta que aquí la red es mucho más rápida, es lógico, pero podía haber avisado—Miró su agenda—. Un informe... He de irme Jayden, mañana tengo movimiento.

Elizabeth se levantó y se dirigió a la puerta. Jayden, como buen anfitrión, la acompaño caballerosamente. Recorrieron los pasillos adornados con una alfombra roja hasta la entrada principal donde varias estatuas de mármol de gran tamaño adornaban la habitación y un gran monitor daba la bienvenida a la empresa acompañado de una melodía.

—Nunca he entendido ese mensaje

—Occidentales, hay que subir la autoestima de los trabajadores. Lo que os queda por aprender—Salieron al exterior donde un helicóptero los espera pacientemente—. Ese Inesh es un genio, menudo juguete me ha fabricado.

—Tenemos un gran equipo—Se despidió de Jayden con un beso— ¡Cuídese!

# 44

## Consejo de seguridad de las Naciones Unidas
## Bruselas, 09 de Septiembre de 2015

Europa se enorgullecía de ser una especie de modelo para el resto del mundo; la crisis del euro había puesto patas arriba el proyecto, y la crisis de refugiados amenazaba con sacarle los colores a la Unión Europea. El jefe de la Comisión Europea lanzaba una ambiciosa propuesta con medidas para recolocar a un total de 160.000 refugiados en dos años a través de cuotas obligatorias, y con un giro radical que incluiría reforzar los controles fronterizos, devolver con más facilidad a los que no tengan derecho al asilo y activar un paquete de inmigración legal para 2016.

—Por favor, tomen asiento—Inició el presidente de la cámara— Esto será una sesión a puerta cerrada de los miembros permanentes del consejo de seguridad de la O.N.U.—Miró a todos y cada uno de los invitados—. Deberían saber que no se harán transcripciones formales de esta reunión, nadie hablará de forma oficial ni se hará público nada que ha tenido lugar hoy aquí.

La secretaria de Estado de los Estados Unidos, Ellen Dugan, esperaba sentada en una de los cientos de butacas de la gran sala como mera observadora. Su asistencia era meramente formal, pero el objetivo de su presencia era diferente, sabía que sólo dos personas eran las únicas en las que podía confiar. El informe completo que recibió de D.A.R.P.A. sobre el regreso de Nikola Tesla había dado la vuelta a toda su agenda.

La reunión avanzó como de costumbre en ese tipo de situación. Todos los representantes aportaron su colaboración pero exigían negociar las condiciones establecidas.

La sesión terminó y Ellen abandonó la sala.

Yuri Gutseriev, el representante de Rusia, recibió un mensaje en su móvil y se dirigió al punto señalado. Localizó los aseos y caminó por el pasillo interior como le habían indicado. Entre las dos puertas un cuadro de grandes proporciones adornaba la pared. Yuri comprobó su espalda y volvió a leer el mensaje.

«Gire el marco de los aseos por la punta inferior derecha en el sentido horario».

La pared se hundió con el cuadro y se desplazó lateralmente mostrando una habitación sin iluminación.

—Los europeos y sus escondites—murmuró caminando hacia la oscuridad. No sería la primera ni la última vez.

Una pequeño sensor de la pared reconoció su presencia e iluminó su zona. Yuri estaba tranquilo, sacó su paquete de tabaco y se encendió un cigarrillo. Su nariz notó una suave fragancia y procedió caminar en su búsqueda.

—Señorita Dugan, reconozco su aroma—respondió el ruso en voz alta—. ¿No creerá que va a engañar a este viejo soldado sólo por apagar las luces?

—Por supuesto que no—respondió una voz femenina y las luces iluminaron el lugar—. Sólo estaba probando su reputación Yuri. ¿Quién le iba a decir que detrás de los aseos hubiera una habitación secreta?

—Esto no es nada—Se apoyó en la pared—. Le sorprendería las que hay en Rusia, pero creo que no estamos aquí para hablar de arquitectura—Ellen sacó una fotografía de su bolsillo y se la enseñó. En ella, Yuri aparecía con Alexei Baskov, empleado de Industrias Astratech. El ruso sonrió—¿De dónde ha sacado esta imagen? Se supone que era una reunión privada. ¿Sabe que puedo acusarles de espionaje?

—Pero no lo hará, porque mi país le acusaría de ayudar y colaborar con una organización que ha estado durante muchos años bajo vigilancia por supuestas operaciones clandestinas y que, en 2013, su jefe, el fallecido general Bartholomew Sheppard, disparó a varios oficiales dentro de las instalaciones de D.A.R.P.A.—Ambos se miraron fijamente—. Y eso no es espionaje porque hay pruebas y testigos.

Yuri estudió la habitación: una pantalla en la pared, una mesa con teléfono y muchos cables por el suelo. Trató de encender la pantalla y comprobó que observaba el pasillo de los aseos.

—¡Qué original!—respondió sarcásticamente— ¿Ya nadie respeta lo que significa la privacidad?—Yuri giró levemente la cabeza—. Déjese de juegos Ellen y dígame porque estamos aquí o me largo.

—No creo que se vaya—respondió ella. Ellen se acercó a la pantalla y colocó un pendrive en el puerto USB y, dos segundos después, se abrió una carpeta con varias imágenes—. Como sabrá, las Naciones Unidas fueron avisadas de dicho incidente y se decidió contar lo que sabíamos. Y eso incluía el proyecto Pegasus.

—Supuestamente viajaron en el tiempo—respondió él.

Ellen le mostró las imágenes del proyecto L.A.I.C.A. de Industrias Astratech y el expediente de Nikola Tesla a fecha de 2018. Yuri se acercó a la pantalla para leerlo detenidamente y contemplar las imágenes.

«Nikola Tesla, director de L.A.I.C.A.; Laboratorio Aeroespacial de Comunicaciones Avanzadas e Investigación, puesto en órbita en 2018. Empresa originaria: Industrias Astratech; Empresa gestora: D.A.R.P.A.».

—Entiendo—respondió Yuri asumiendo su papel en el juego— ¿Qué necesita de mí?

—Necesitamos que colabore con nosotros porque, el día que aparezca, ya que no sabemos la fecha exacta, todo el mundo deseará echarle el guante a esa nave—En la pantalla apareció la imagen de una reunión gubernamental—. Y no nos conviene que eso suceda. Hable con sus socios, sé que China y ustedes se llevan bien, serían una gran apoyo a tener en cuenta—Ellen extrajo el pendrive y se lo entregó a Yuri —. Considérelo un regalo.

El pasillo de los aseos reapareció en pantalla. Xiaomi Xiaolian, la representante de la república de China, accedía al baño de señoras.

—En serio, ¿a quién se le ocurrió este asentamiento?—preguntó Yuri moviendo la cabeza—. Estaremos en contacto, secretaria de estado. Tiene mi palabra—Yuri buscó la manera de salir de allí—. A todo esto…

Ellen señaló un botón oculto detrás del monitor. Yuri comprobó que no hubiera nadie en el exterior y salió de allí. Ellen se había quedado sola en aquel lugar, miró a su alrededor y descolgó el teléfono. Nunca le habían dicho cuándo se construyó esa habitación y tampoco lo quería saber. La imagen de la pantalla cambió y apareció el avatar de una cara distorsionada.

—Hola Ellen, ¿qué tal ha ido la reunión?—El avatar sonrió— ¿Nuestro huésped ha colaborado?

—Hola Daniel, me has asustado—respondió nerviosa—. El señor Yuri Gutseriev colaborará. Ha visto las imágenes y sabe lo que hay en juego.

—Eso está bien—El avatar sonrió—. Necesitamos su ayuda para poder entrar en los servidores de Industrias Astratech. Nosotros lo hemos intentando de todas las formas posibles, incluso infiltrándonos en sus círculos, ¡pero nada!. Si Yuri no logra cumplir su cometido, tendremos que seguir buscando otros medios. Y el tiempo se agota.

El avatar de Daniel sonrió y desapareció. La imagen del pasillo regresó a la pantalla.

# TERCERA PARTE

## REVELACIONES

«Sólo hay una pequeña parte del universo de la que sabrás con certeza que puede ser mejorada, y esa parte eres tú».
**Aldous Huxley (1894 – 1963)**
Escritor y filósofo británico
Autor de la novela distópica «Un mundo feliz».

«Es poco probable que la Humanidad pueda salvaguardar la civilización a menos que pueda evolucionar en un sistema de bien y mal que sea independientes del cielo y el infierno».
**George Orwell (1903 – 1950)**
Novelista y periodista británico
Autor de la novela distópica «1984».

# 45

## Objetivo
## Junio 2016

La luz interna del contenedor se encendió.

El dispositivo de seguridad se apagó, la compuerta se elevó lentamente y una mano la empujó para ampliar el espacio. La pequeña pantalla del interior mostró la fecha actualizada del calendario: «Día libre de empresa». Un mensaje le recordó el siguiente punto de su tarea: «Continuar desarrollo de la ciudad virtual». Un icono de la pantalla le llamó la atención, lo presionó con el dedo y un archivo de video, con fecha de Enero de 2016, se inició.

«El doctor Roderick Schiff exponía un proyecto en la sala de conferencias de la O.N.U., en Nueva York. De su brazalete proyectaba una imagen que representaba un sistema de redes informáticas. Todos los invitados intentaban tocarlo y quedaban admirados».

—Interesante—murmuró el clon—. ¿Eso se puede hacer?
—Te sorprendería—Apareció en video la cara de Jayden Yamata—. Tenía que enseñarte esto para darte unas instrucciones para tu próxima misión—El clon se acomodó en la silla—. En los próximos días se celebrará una reunión histórica, puede que no lo sepas ya que no estás invitado, pero, recientemente, el legendario inventor Nikola Tesla apareció por arte de magia en una sección de esta empresa.

Stuart Manfree trató de procesar esa información, desconocía esa identidad, y además, con algo de suerte, ese día en cuestión estaría en éxtasis.

—¿Y usted cómo sabe eso?—Trató de asimilar el origen de la información.

—Te recuerdo que estoy conectado a tu pequeña pantalla del contenedor—respondió con una sonrisa—. Agradéceselo a tu homólogo—Le mostró una imagen de carnet—. Ahora ve a tu silla de trabajo y te explicaré como usar ese proyector del doctor Schiff para tus propósitos.

Stuart salió del almacén, atravesó el pasillo y entró en la sala secreta del otro Stuart. Se sentó en la silla informatizada y todo el esqueleto mecánico de pantallas se encendió automáticamente.

—Que conste que lo haría yo mismo si pudiera—Continuó hablando Jayden—, pero la tecnología sólo la posee Rod, fue decisión suya. Por lo tanto, la única persona disponible en activo eres tú—Se mostraron varias imágenes—. Primero, esa es la localización donde Rod guarda sus repuestos; segundo, esa es la red de satélites que tiene la empresa, es lo suficientemente potente y estable para proyectar la imagen nítida de una persona en cualquier parte del planeta especificando una posición GPS, lo viste en el video; tercero, la idea es provocar un altercado internacional. Ya especificaremos detalles.

Stuart miró fijamente las imágenes. Era todo muy evidente. Sólo tenía una duda que formular .

—¿Usted está metido en esta conspiración?—Yamata se le quedó mirando— ¿O es todo idea suya? Porque veo que conoce todos los puntos del plan al detalle.

Jayden disfrutó de la ignorancia de su soldado. Se agradecía tener a alguien infiltrado sin conocimiento del exterior para poder ejecutar las órdenes necesarias.

—Todo esto pertenece a un plan mayor, es necesario que el gobierno descubra al señor Tesla. Ha llegado el momento de que la tecnología de la próxima década tome otro rumbo.

Una advertencia de comunicación apareció en la ventana.

—¿Qué es esto?—preguntaron los dos.

Una ventana mostraba una conversación entre Rod y la secretaria de estado, Ellen Dugan.

«[…]. Agradecemos la oportunidad de presentar al señor Nikola Tesla en la próxima reunión oficial de la O.N.U. en el mes de Junio aprovechando la selección de una empresa para gestionar el proyecto L.A.I.C.A.».

—Parece que el señor Roderick no para quieto. Como te decía, habrá una reunión formal—argumentó Yamata—. En tu servidor personal tienes toda la información.

—Me gustaría probar el aparato para saber de lo que es capaz—Stuart buscó en los archivos del ordenador—. Necesitaré un análisis de mí mismo o algo.

—No hace falta que hagas nada—Yamata le ayudó en la búsqueda localizando un expediente clínico—El escáner de tu cuerpo ya está hecho—Stuart arqueó una ceja—. ¿A dónde crees que van los escáneres que se realizan en el interior de tu contenedor?—Stuart asintió, siempre que despertaba había imágenes proyectadas a escasos centímetros de él—. Tu antiguo jefe se anticipó mucho a este día, te vio como una ficha clave. Instaló un escáner en tu contenedor y guardó todos los análisis de cuerpo con la intención de recrearte digitalmente en el futuro—Stuart aplaudió—. De modo que, ¿por qué no probarlo?

En la pantalla de Stuart se inició un programa en una sección de la empresa

—¿He de ir a algún sitio?—preguntó

—Es cierto—Jayden se rascó la cabeza—. No lo sabes, la empresa posee una enorme habitación llena de sensores para practicar cualquier tipo de escenario inimaginable. Además, toda la empresa está plagada de sensores, así es más fácil aparecer en las reuniones si estás ocupado. Sólo levántate y camina por la habitación. Simula que eres Rod.

Varios putos luminosos se encendieron en la pared y un aura de colores se proyectó sobre Stuart. Un pantalla ascendió del suelo para mostrarle varias imágenes y se observó a sí mismo.

—¡Es increíble!—exclamó asombrado—. ¡Soy él!—Comprobó su cara y echó un vistazo al vestuario que se había superpuesto sobre su cuerpo. Llevaba la misma gabardina y el mismo estilo de perilla—. Soy Roderick Schiff, esto es alucinante—exclamó examinando cada ángulo de las fotos. Apenas se notaba los efectos de luz, entonces recordó la misión—¿Y los satélites tendrán la suficiente potencia para mantener una proyección digital de mí mismo a tanta distancia de la empresa?

—Si, por supuesto—respondió Jayden Yamata enseñándole el camino hasta la habitación—. Te enviaré la dirección GPS cuando estés listo, ahora ve a la sala de realidad virtual de la empresa y aprovecha para practicar con objetos virtuales. No te preocupes, no hay nadie en la empresa y nadie comprobará el almacén. Es la ventaja de tenerte en éxtasis programada. Puedo anticiparme.

# 46

## Alcalá Data Center
### Madrid, España

Una sombra serpenteó por el sistema de refrigeración del edificio. Las luces que iluminaban la azotea estaban encendidas y el cambio de turno estaba a la espera. Colocó un dispositivo para descifrar el código de acceso de la puerta y en menos de cinco segundos desapareció del exterior.

Aprovechó el sistema de su pulsera para esquivar las cámaras de seguridad e incurrió en silencio hasta la habitación que buscaba. Subió la pequeña pasarela y vislumbró la gran arquitectura informática.

—¿Quién quiere ser el primero?—preguntó delante de los paneles de servidores. Se colocó delante de su objetivo y conectó un pendrive al puerto del ordenador. Pasó la mano por su pulsera y se proyectó un menú en el aire—. Comprobemos lo rápido y seguro[47] que dicen que eres.

El extremo del pendrive se iluminó y Daniel logró acceder a la red. Disponía de veintiséis minutos de margen antes de que el sistema le detectará.

—Primero, me conectaré a tu hermano homólogo de México y, después, haré un puente hasta tu primo americano. No me queda otra que dar un rodeo, la ciberseguridad es demasiado alta en esos dos. Necesitó averiguar un par de cosas.

A través de varias pantallas rastreó las comunicaciones de varios satélites, sabía que en pocos días sucedería algo importante, lo

---

[47] Centro de datos con Certificado «Tier IV Gold». Sólo hay tres en el mundo.

presentía. Y no se lo perdería por nada. Entre toda la información, una transmisión digital llamó su atención.

«Espero que haya tenido tiempo para preparar a nuestro invitado. He tenido que movilizar las agendas para que pudieran asistir todos los representantes, los cuales han sido un poco escépticos cuando les intenté explicar la situación. Incluso han acusado de montaje el video que me envió como prueba—dijo una voz».

«Ignorantes y envidiosos—dijo otra voz masculina—. Era de esperar, no todos los días recibes una noticia de tal magnitud».

«La cita será dentro de dos días—dijo la voz femenina—Por su bien y el de su proyecto, espero que no haya sorpresas».

En otra pantalla, Daniel analizó los registro vocales. El análisis preliminar indicaba que pertenecían a la secretaria de estado Ellen Dugan y a Roderick Schiff.

Daniel guardó las grabaciones en la memoria del reloj, comprobó la hora y se alegró de lo aventajado que iba. Aprovechó el tiempo restante para investigar su reciente adquisición: En el diario de Industrias Astratech, parte de la familia estaba fuera del país y, el resto había acompañado a los hermanos a un parque temático. Eso significa que la empresa estaría vacía. Extrajo una grabación de seguridad de los hermanos y disfrutó de los paisajes que le ofrecieron.

—Ese Paul tiene mucha imaginación—murmuró a la vez que observaba a la chica—. Los dos hacen buen equipo.

Los expedientes describían perfectamente en que estaban trabajando cada uno de ellos. Accedió al laboratorio de Ezequiel para insertar un troyano en su sistema, regresó a las cámaras de seguridad y sus ojos captaron que algo no estaba en su sitio. Literalmente, no estaba.

—Mierda, ¡el clon se ha ido!—Una señal biométrica señalaba que estaba oculto en una habitación cerrada, pero sin tiempo para analizar, su reloj marcó una cuenta atrás de cinco minutos—¡En serio! ¿Ya es la hora?

No le dio tiempo a más.

Descargó la copia de seguridad y se desconectó del sistema. Quitó el pendrive y, antes de poder salir de la habitación, el cambio de guardia abrió la puerta. A la velocidad del rayo, Daniel se camufló, se pegó a la pared y sorteó a los guardas. Recorrió el mismo camino que treinta minutos antes y salió de las instalaciones.

Tenía lo que había ido a buscar.

# 47

## Preparación

La mañana había resultado ser perfecta: un cielo tranquilo, sin turbulencias por encima de los mil metros de altura y nadie había intentado hackearles el sistema. Pero la eternidad no estaba ese día en sus agendas y el paseo había terminado.

El helicóptero aterrizó y el invitado estrella descendió por la pasarela hasta la azotea del edificio. Se alejaron varios metros y Nikola se quedó mirando el eje de las hélices con mucha atención.

—¿De modo que ese es mi sistema VTOL[48]?

Las hélices del helicóptero se detuvieron, se plegaron y se colocaron al mismo nivel que el techo de la cabina.

—Sí, Nikola—respondió el físico indio, Inesh Lazard—. Ha dejado huella en más lugares de los que imagina. Esto no es nada.

—Pero hay algo que no me ha gustado—Inesh y su compañero Ezequiel se miraron—, hay demasiada vigilancia en todos lados.

—Eso es algo que no se puede evitar—respondió Inesh—, desde los acontecimientos sucedidos en 2001, el tema de la seguridad se volvió vital. Siempre se puede jugar con los sistemas de vigilancia, pero eso sería utilizar métodos poco legales.

—Veo que algunas cosas no han cambiado tanto—ironizó el invitado al tiempo que sus tripas resonaban—. Creo que tengo hambre—bromeó palpándose el estómago.

Accedieron por la entrada del ático y descendieron hasta el primer piso. Los anfitriones fueron sorprendidos por un juego de luces que

---

[48] Sistema de despegue y aterrizaje vertical patentado en 1928 por Nikola Tesla.

iluminó las paredes y no supieron lo que pasaba hasta que el pasillo comenzó a inundarse. Ya no estaban en su edificio

—Un regalo de bienvenida—bromeó Ezequiel mirando la cantidad de enredaderas que aparecieron de la nada y comenzaron a obstaculizar el camino.

El pasillo se había convertido en una jungla viviente: plantas prehistóricas, helechos, troncos de árboles incrustados en la pared, insectos por el aire... Nikola observó la escena. Al mirar al suelo descubrió una araña que se acercaba su posición y procedió a deslizar el pie para no tocarla. Con precaución se acercó al tronco del árbol más cercano y puso su mano.

—Son imágenes superpuestas... —murmuró el invitado—. Y muy realistas. Incluso puedo olerlo—respondió respirando con fuerza.

Ezequiel se acercó a Nikola.

—Este es el futuro del entretenimiento, ¡imagíneselo!—Nikola contempló el horizonte—. Paisajes, países, la playa, la montaña... —Nikola caminó por la frondosidad del terreno. Unas virutas grises se posaron en su hombro—. Incluso una potente fuerza de la naturaleza.

Los cristales de las gafas de Inesh desaparecieron con un clic, sabía lo que se avecinaba. La vegetación comenzó a perecer y caer al suelo, al final del pasillo, una pequeña masa de color rojo esmeralda se acercaba hacia ellos.

—¿Eso es lo que parece que es?—preguntó Nikola dudando entre si continuar o tomar precauciones.

—Sí, señor—respondió Inesh—. Es lava, recién hecha.

La masa ganaba velocidad a medida que se acercaba, todo el paisaje desaparecía a su paso. Nikola se acercó a Inesh buscando una zona segura. Ezequiel miró a un punto en concreto de la pared, había un sensor oculto en el paisaje, e hizo una señal. A punto de ser engullidos por la masa volcánica, la imagen desapareció y, progresivamente, el pasillo recuperó su estado normal.

Ezequiel tomó la delantera e hizo una señal a su compañero.

—Tenemos que hacerle otro chequeó, señor. Es por su seguridad.

Para su sorpresa los hermanos se habían adelantado. Halley le estaba escaneando el cerebro a Paul, el doctor Jamil no se enfadó, disponían de permiso. Los resultados del monitor sorprendieron al doctor. Inesh y Nikola aparecieron por la puerta y varias secciones del cerebro de Paul se iluminaron. Nikola comenzó a tener flashes, Inesh prestó atención, el cuerpo de su invitado se tambaleaba levemente. Con suavidad le acompañó hasta la silla más cercana.

—¿Qué sucede?—preguntó a su compañero.

—¡Eso me gustaría saber a mí!—respondió mirando a sus dos ayudantes— ¿Halley?

La señorita Manfree pasó la mano por el pelo de su hermano. Los colores de la pantalla seguían constantes y mantenían en alerta al doctor.

—Paul y yo llevamos varias semanas visitando la habitación de realidad virtual para entretenernos—Ezequiel se cruzó de brazos. Había oído el informe de las chicas en otra reunión—, y Paul siempre logra que los sensores reproduzcan lugares que nunca habíamos visto—El doctor miró a su compañero, Nikola seguía en trance—, pero no sabemos lo que es.

Ezequiel encendió uno de los monitores del laboratorio y lo conectó al escáner.

—Hace casi un año, gracias a Paul, diseñé un programa para intentar visualizar las ideas de la mente—La pantalla mostró varias imágenes—. Creía que sólo eran sueños, la cuestión era porqué.

Nikola despertó y se apoyó en un pequeño armario con ruedas de metal que tenía cerca. Por acto reflejo, puso su mano en la superficie y examinó el mueble. Abrió uno de los cajones y encontró un cuaderno. Inesh y Ezequiel lo entendieron.

Nikola examinó los dibujos ilustrados en su interior.

—Jovencita—Nikola había vuelto a la realidad—¿Usted ha dibujado esto?—Halley sonrió tímidamente—. Es un buen trabajo.

—Más tarde hablaremos de eso—Ezequiel trató de terminar la conversación—. Hoy va a ser un día movido. Hoy toca presentarle en sociedad, señor.

—Ya es el día...—murmuró el respetado anciano—. He disfrutado bastante con ustedes, lo bueno siempre se acaba—respondió con sencillas carcajadas—¿Y ahora qué?

En la pantalla apareció el logotipo de la empresa y la cara de Rod dando un mensaje.

—Señores, tenemos que preparar la visita del señor Tesla. Espérenme en el laboratorio, tenemos que tomar precauciones.

La imagen desapareció y el logo de la empresa se volvió a mostrar.

—Ni que supiera lo que hacemos a cada segundo.

—No me lo recuerde—murmuró Nikola contemplando la páginas del cuaderno—. En mis tiempos esa sensación era normal.

Roderick Schiff entró por la puerta y saludó a sus compañeros.

—Chicos—dijo dirigiéndose a los hermanos—, seguir con lo que estuvierais haciendo—Miró a sus compañeros—. Tenemos que elegir la mejor manera de llevarle.

—Podemos llevarle en el helicóptero—dijo Inesh sin entender el problema.

—La agencia y el comité están impacientes de conocer en persona al señor Nikola Tesla. ¿Quién me asegura de que nadie haya filtrado la noticia o le quieran para otros fines?—Se cruzó de brazos—. El helicóptero no es una opción, muy arriesgado. Ezequiel, prepara el traje, apareceremos directamente, sin pasar por la entrada, no podemos arriesgarnos.

Ezequiel reflexionó, tenía mucha razón. La seguridad era lo primero y no podían permitir ser rastreados. El traje aseguraría el viaje, sólo existía esa manera.

—Señor—dijo refiriéndose a Nikola—, necesito que se ponga esto—presionó un botón de la pared y una compuerta descubrió un vestidor con varios buzos de licra. Escogió uno especial y se lo enseñó—. Vamos a viajar de una manera similar a la que hizo hace un mes—Le colocó una pulsera en la muñeca—, pero más seguro.

—¿Será peligroso?—preguntó Nikola mirando el traje mientras Halley e Inesh le ayudaban a vestirse.

Ezequiel miró a su compañero físico, era un momento sin precedentes. Inesh sonrió satisfactoriamente.

—No habrá ningún problema, señor.

Ezequiel reflexionó, debía organizar bien ese viaje, era de vital importancia tener un plan de emergencia. Nikola terminó de vestirse el traje especial. Ezequiel le hizo una señal a Inesh y se dirigieron hasta la sala de entrenamiento. Pasaron por la sala principal y se cruzaron con Rod y el ruso.

—Es la hora—dijo Rod estudiando a Nikola—. Veo que el traje le sienta bien, eso es bueno. Tenemos que decidir quién me acompañará a la reunión.

Su tono serio era la viva imagen de la prevención. Salieron del laboratorio y caminaron hasta otra sala. La distancia entre la puerta y ellos disminuía, a punto de pasar su mano por el sensor de la pared, un sonido estruendoso resonó en la puerta. Rod suspiró, la hora de los entrenamientos debería haber finalizado.

Activó el sensor y en la pantalla se mostró la imagen de una fábrica.

—¿Por qué usan una simulación tan ruidosa?

Abrió la puerta y ante ellos apareció el interior de una nave industrial. Varias pasarelas conectadas por pilares de metal funcionaban completamente de manera automática. Sus anfitrionas no se percataron de la presencia de los invitados. Rod no perdió el tiempo y detuvo la simulación. Nikola quedó atónito contemplando como las imágenes de la proyección desaparecían por segmentos y varios pilares hexagonales metálicos descendían hasta desaparecer bajo el suelo.

—Impresionante—murmuró—. Usan una estructura como base y sobrescriben lo que desean—Inesh lo confirmó—. Ahorran en espacio.

Melinda y Elizabeth se alejaron de la base de los pilares. Rod devolvió la habitación al estado original. Desde su brazalete activó una orden y un soporte de cristal con espacio para varias personas emergió del suelo.

—Es la hora, vamos señor, llegó el día de la presentación en sociedad.

Ezequiel, Rod y Nikola accedieron al compartimento. Las paredes se iluminaron, el interior comenzó a llenarse de minúsculos cristales de manera progresiva.

Nikola torció el cuello y contempló el espectáculo de luces. Sin darse cuenta, ya no seguían allí.

# 48

## Día T
## D.A.R.P.A.

Patrick Stevens y el doctor Thomas Blake acudieron a las oficinas de la agencia para reunirse con Jim Mason y ultimar los pasos a seguir en la inminente reunión extraordinaria que la Secretaria de estado, Ellen Dugan, había organizado.

En la pantalla grande, Jim dirigía una videoconferencia simultánea con el avatar de cada representante oficial implicado.

—Todos conocen la noticia de la llegada de Nikola Tesla—anunció Jim Mason escuchando los pasos de sus amigos—, y todos estamos ansiosos de verle en carne y hueso, como es lógico. ¿Quién no quiere verle?

El interfono de la mesa se encendió. Jim sabía quién era.

—Señor Mason, soy Ellen. ¿Han llegado sus compañeros?

—Están al caer—Patrick y Thomas le miraron—. ¿En qué puedo ayudarla, señora secretaria?

—En menos de diez minutos, se repetirá una visita como la de hace años y espero que hoy no haya sorpresas—Todos miraron a la pantalla. Sabían que se jugaban mucho ese día—. Yo trataré de llegar antes.

—Entendido, Ellen. Saldré a recibirla, no se preocupe. Hoy no tenemos ni al señor Manfree ni al General Sheppard para fastidiarla.

La conexión se cerró.

Thomas suspiró. Patrick recordó ese día en cuestión, en su caso, no sabía cómo reaccionaría. «Nikola le explicó que debían cerrar ese portal espacio-temporal para evitar que se creara otra línea cronológica alternativa». Y eso hicieron, pero todavía quedaban dos años para ello.

Se tocó la cabeza e imaginó lo peor. ¿Tendría visones? ¿Caería en coma?

Thomas le tocó el hombro y él se sobresaltó.

—Tranquilo, hijo—Le sonrió—. Todos estamos nerviosos.

Jim miró su reloj, se giró hacia sus compañeros y les arrastró hasta la puerta. Los agentes de seguridad reunieron al séquito de representantes en la entrada común. Jim les hizo una señal de advertencia y realizaron un cacheo exhaustivo para evitar cualquier posible incidente.

La secretaria comprobó su móvil. El editor, George Brock, saludó a Patrick. Jim les dio la bienvenida y los acompañó hasta la puerta azul de la habitación de seguridad.

Mientras los representantes tomaban asiento, Thomas encendió los monitores de la sala mostrando varios documentos. La secretaria los reconoció y dio su aprobación.

—Caballeros—Thomas se colocó en la primera fila—. Todos han leído el informe del evento de 2013, y conocen los documentos que les hemos proporcionado respecto a este día—Los representantes de Francia e Inglaterra miraron a Patrick—. Aquí, el señor Stevens—Señaló a Patrick en su asiento—, tras regresar vivo del experimento Pegasus y conocer al señor Nikola Tesla, consiguió recuperar información crucial sobre la actividad de Industrias Astratech.

—Hace varios meses—comenzó a decir el representante americano—, Roderick Schiff ofreció su candidatura para dirigir el proyecto del laboratorio L.A.I.C.A., y como comprenderá, algunos tenemos nuestras reticencias—Yuri negó con la mano—. Si la demostración de hoy es cierta, mis socios y yo replantearemos dicha decisión

—Agradezco que hoy tengan la mente abierta—Thomas Blake esbozó una sonrisa. La reunión iba por buen camino.

Jim recibió un comunicado por su pinganillo.

«Señor, los sensores acaban de registrar varias señales de energía en un pasillo del subsuelo. No hay registros fuera del edificio. Deben haber usado un sistema de teletransporte como el de Capitol Hill. En total son tres personas. El escáner señala la huella digital de Roderick Schiff, parece que son ellos. Max Sheppard les espera en la planta inferior con un equipo de seguridad».

Jim Mason miró a Thomas y le indicó que debían acceder al hangar del laboratorio. En el piso inferior, Max Sheppard comandaba un equipo para vigilar las entradas al hangar. Los invitados descendieron por las escaleras de seguridad y aguardaron.

—A mi señal—ordenó Sheppard a su equipo. Activó el transmisor de su cuello y accedió a la red—. Jack, ¿dónde diablos estás? Esto está a punto de ponerse caliente.

—Relájate Max, estoy en los lavabos—De fondo se podía escuchar el agua del lavabo—. También soy humano. Además, yo estoy de apoyo y sé que te puedes encargar de Roderick Schiff perfectamente.

—No me preocupa él, si no el otro registro. No sabemos quién es.

—No creo que sea el ruso—Reflexionó con la información que poseía—, le necesitan en la empresa. Habrá que esperar qué sucede. Confió en ti.

—Jack, ven inmediatamente, aunque sea como apoyo. No sabemos lo que habrán desarrollado con Nikola Tesla en sus instalaciones. ¡Por dios! Han entrado por teletransporte.

Jack comenzó a reírse.

—¿Te asusta eso? Nosotros estamos hablando por una red virtual de comunicaciones instalada en nuestra córtex neuronal. Relájate.

Ж Ж ЖЖ Ж Ж

Un área de tres metros cuadrados se iluminó en los pasillos de la agencia. Un rectángulo de luz se materializó y tres personas aparecieron activando los sensores de la zona. Una cámara les apuntó directamente y Rod le devolvió el saludo. Nikola se sintió mareado y se apoyó en Ezequiel quien, sin perder tiempo, activó su brazalete personal y comprobó las constantes de Nikola.

Todo estaba en orden.

Nikola sabía que algo le sucedía. Durante el viaje había visto imágenes de sus horas como científico: «Su laboratorio, su despacho, las reuniones con sus colegas científicos…». Los recuerdos regresaban aleatoriamente. Se enderezó y caminó por el pasillo. Ezequiel y Rod no se apartaron de él. Nikola empezó a marearse de nuevo y, sin darse cuenta, llegó al final del pasillo y se apoyó en una puerta metálica.

«Se vio a sí mismo en su antiguo laboratorio, un temblor provocaba que cayera al suelo y, delante suyo, una persona joven con ropa de colores neutros le miraba fijamente. En otra imagen posterior, se vio persiguiendo, junto a otra persona más joven, a un hombre a través de un corredor cuyas ventanas mostraban una línea de enormes antenas parabólicas que apuntaban al cielo. En la última imagen, una capsula de energía engullía a esa misteriosa persona y la hacía desaparecer».

Despertó en el pasillo e intentó rememorar los detalles de esas imágenes, pero le resultó imposible porque ni el mismo recordaba haber estado nunca allí. Notó su nariz húmeda, se tocó con la mano y descubrió que era sangre. Ezequiel corrió en su ayuda lo más rápido que pudo y le analizó. El programa de su brazalete indica que su sistema vital está fallando.

—¡Nikola!—gritó alertado Rod—. Ezequiel, ¿qué le ocurre?

—Me lo temía—murmuró Ezequiel—. El traje sólo era un forma de asegurar su estado, pero… —Comprobó un panel con todos sus sistemas orgánicos. Estaban fallando—. Temía que esto sucediera.

—¡Dijiste que el traje era seguro!—Nikola cayó de rodillas y Rod le sujetó—. Que le mantendría con vida lo suficiente hasta que regresáramos al laboratorio.

—¡No es culpa del traje!—gritó impotente—. Una persona normal, en mal estado, podría sobrevivir con ella—Nikola volvió a toser sangre—. ¿Qué sabemos de él? Nadie sabe dónde ha estado desde 1943 hasta 2016. Ha reaparecido dentro de un motor electromagnético, como quien dice, por arte de magia. El efecto dañino real en su organismo no se puede calcular, su sistema inmune es un misterio. Los análisis daban positivos, pero hay que ser realistas. Él es una rareza. Bastante suerte tuvimos cuando la fórmula de rejuvenecimiento funcionó en él.

Nikola vomitó bruscamente y su piel comenzó a envejecer. La caras de los dos compañeros blanquearon, no les quedaba tiempo. Su pelo también comenzó a perder color.

—¡No queda otra opción!—Rod presionó un botón del brazalete de Nikola—. Vais a regresar y le vas a meter en una cámara para realizar una operación completa de urgencia.

Ezequiel imaginó lo peor, perderle, pero borró esa imagen de su cabeza.

—¿Y qué vas a hacer aquí? ¿Cómo lo vas a explicar?—miró a la puerta—. ¡Se nos van a echar encima!—recordó el proyecto L.A.I.C.A.—El comité…

—No te preocupes, tengo un plan—Un halo de luz envolvió a Nikola—. No te separes de él.

Rod se separó y observó cómo un rectángulo de luz los envolvía hasta hacerles desaparecer. Respiró tranquilamente y miró a la cámara. Su propio destino y la credibilidad de la empresa que había construido dependían de lo que sucediera al otro lado de esa puerta.

# 49

## Infiltración

El clon de Stuart comprobó la pequeña señal que aparecía en su pequeña pantalla. Gracias al troyano que el Stuart original insertó en el sistema de la empresa antes de desaparecer, Jayden consiguió incorporar un pequeño icono que representaba que su biometría estaba desconectada durante los despertares no programados y así evitar alarmas de seguridad

Todo el mundo estaba ocupado en sus investigaciones: los hermanos estaban encerrados en la sala de realidad virtual, y Ezequiel no estaba allí para comprobar su estado.

Stuart salió del almacén y accedió al viejo despacho de Stuart Manfree como le habían indicado. Se sentó en la silla informatizada y se conectó a la red de D.A.R.P.A. como Jayden Yamata le había explicado. Se colocó las gafas de realidad virtual y navegó por el ciberespacio.

Gracias a la potencia del satélite de la empresa y a la nitidez de los sensores que poseía D.A.R.P.A., el clon de Stuart, sentado tranquilamente desde la silla de Industrias Astratech, disfrutó de un paseo remoto virtual por los pasillos de la Agencia de proyectos avanzados de Estados Unidos. La red de fibra óptica que poseía la agencia facilitaba el proceso.

—Mostrar mapa—ordenó al ordenador de Astratech.

Una objeto lineal se proyectó delante suyo mostrándole el recorrido a seguir: los puntos verdes eran personas y la más cercana no era un problema. Aun así, debía evitar salir en las cámaras de vigilancia. En la intersección de un pasillo, una puerta se abrió, era el servicio de caballeros y la persona que salió le resultó familiar.

—Jack Evans—informó el ordenador de Astratech—. Pertenece a lista negra de Stuart Manfree.

El clon había leído ese informe, en ese momento se le ocurrió una idea.

—Ordenador, solicitó activar el programa de simulación de escenarios de Astratech a través del satélite. Me gustaría usar un arma con mira laser y unas granadas. Quiero conocer el alcance potencial que tiene el sistema.

Un rifle se materializó en su mano y un cinturón de granadas en su cintura. Stuart siguió a Jack disimuladamente, Jack se dirigió a una puerta y Stuart comprobó que la localización correspondía con las escaleras de emergencia.

—Ordenador, en cinco segundos activa el modo destrucción de esa zona del mapa.

Stuart aprovechó para realizar varios disparos. Jack reaccionó instintivamente y se colocó en un punto ciego de la escalera. Stuart lanzó una granada y cayó cerca de su objetivo, Jack no entendió nada. La simulación se activó, la explosión de la granada provocó un daño estructural en la escalera provocando que el techo se resquebrajara. Jack saltó para evitarlo pero varios trozos del techo estaban a punto de caerle encima.

—¡Max!—Jack llamó por su transmisor—¡Nos están atacando!—La señal se vio interrumpida por interferencias.

Alzó la vista y contempló cómo todo el techo caía sobre él, se protegió con los brazos y esperó el momento. La espera se le hizo eterna, movió ligeramente un brazo y descubrió que el suelo estaba cubierto de bloques de hormigón, pero él seguía intacto. No entendió nada. Se acercó a los escombros y descubrió que la zona estaba pixelada, todo era una simulación holográfica. Un puntero láser pasó por delante suyo apuntando a su localización.

Rápidamente ascendió por las escaleras y salió por la puerta. Un soldado se acercaba por el pasillo, Jack le analizó y el soldado le miró.

—Disculpa, ¿ha visto a alguien por aquí?—Jack transpiraba y quería respuestas.

—No, señor. Sólo sé que el agente Mason está en el hangar con los invitados. Aquí no hay nadie más.

Jack estaba perdido. Agradeció la información y regresó a la escaleras para llegar a tiempo. El lugar estaba intacto, sólo se le ocurrió una respuesta: una simulación tridimensional, pero no la había realizado alguien de dentro.

—Jack, ¿dónde estás?—Max parecía nervioso—. Hay novedades.

# 50

## Emergencia

Una bombilla azul se iluminó en la pared y Jim aconsejó que todos apagaran sus dispositivos móviles para evitar interferencias. Los representantes de Estados Unidos, Francia, Inglaterra, Rusia, Alemania, China y la Secretaria de estado se mantuvieron en alerta.

Patrick participó en el equipo táctico de Max, ese día se había convertido en un evento que le hubiera gustado cubrir como periodista y no como agente en activo y, además, desde que habían entrado en el hangar, tenía un malestar que le recorría el cuerpo. Sabía que no tenía que estar nervioso, que estaba protegido por la presencia del agente Jim y el doctor Blake, pero la sensación continuaba.

La oficina de análisis contactó con Jim Mason.

«Señor, creemos que hemos identificado la firma digital de Nikola Tesla entre las tres personas. El nivel de la señal ha caído en picado y ha desaparecido con la firma desconocida. No se preocupe, todo ha sido grabado».

Jim analizó los datos.

—¿Confirman que Roderick Schiff está sólo en el pasillo?

«Sí, señor. Ahora mismo nos está haciendo señales para entrar al hangar».

Jim miró fijamente la compuerta del hangar, detrás suyo, Patrick parecía nervioso, demasiado nervioso.

—Patrick, chico, ¿estás bien?—se giró y se inclinó para mirarle a la cara.

Patrick estaba sudando, había empezado a revivir los acontecimientos en L.A.I.C.A. y la sensación que tuvo cuando desapareció dentro de la cabina de la máquina. Una imagen era nueva, una persona de melena corta, con un tatuaje en el cuello que descendía por la espalda.

Jim sospechó si la presencia de Tesla había tenido algo que ver. Max se colocó al lado de Patrick para tenerle vigilado. La puerta del hangar se abrió y una persona estaba quieta esperando. Roderick Schiff tenía las manos a la vista, separadas de los bolsillos de su gabardina.

—Buenos días, doctor Schiff—saludó Jim echando otro vistazo a Patrick. Rod tenía la cara tensa—. Creo que la reunión ya ha empezado.

Los invitados buscaron a Nikola pero no le encontraron.

—¿Hay algo que deba decirnos?—preguntó el representante americano.

Rod dio varios pasos hacia adelante.

—Me disculpo por la entrada sorpresa, me temo que ha surgido un imprevisto de última hora. Como ven, estoy solo. Me he visto obligado a ordenar a mi compañero que se retirase con el señor Nikola Tesla.

—Esto es una pérdida de tiempo—Se quejó el líder francés.

Jim miró de reojo y observó como el grupo del Oeste miraba escépticamente, mientras el grupo del Este continuaba concentrado. Yuri le hizo una seña a Jim y se adelantó.

—Doctor Schiff. Mi nombre es Yuri y represento a Rusia en esta reveladora reunión—Le hizo un guiño a Rod—¿Podemos saber cuál ha sido esa complicación?

Rod señaló su brazalete, ejecutó una orden y usó los sensores de la agencia para proyectar una imagen y maximizarla en el aire.

—A mis compañeros y a mí nos gustaría que nos concediesen unos minutos para explicarnos. Supongo que sus cámaras de seguridad habrán grabado los cinco minutos que ha durado el señor Tesla en ese pasillo—Jim asintió—. Debido a su inesperada aparición en mi empresa, su organismo biológico está delicado y es inestable, pero por si acaso, he traído varios videos que demostrarán su existencia.

Varias imágenes aparecieron alrededor de los invitados y pudieron contemplar: «el video del reconocimiento médico, el traje especial, el vuelo en helicóptero, los ejercicios con la realidad virtual», entre otros.

El doctor Thomas Blake le dio un codazo a Patrick despertándole del trance. Ahí estaba, delante suyo, el hombre del futuro, en carne y hueso, su anfitrión de la aventura en L.A.I.C.A., con una anticipación de dos años.

Rod continuó con varias imágenes del Laboratorio espacial que Astratech estaba diseñando. Mostró por segunda vez el mismo esquema que utilizó en la O.N.U. cinco meses atrás, incluyendo diseños de los laboratorios, el centro de mando, diferentes infraestructuras, etc.

Thomas rememoró todo lo que había leído en el pendrive. La mayor estructura científica de telecomunicaciones del mundo al alcance de su mano. La imagen se agrandó ocupando gran parte del hangar. Jim estaba atónito de la potencia del proyector. Los invitados se movieron alrededor de la imagen virtual. Por su parte, Yuri y Xiaomi, no se separaron el uno del otro.

—Y este sistema de redes... ¿Es seguro?—preguntó Yuri caminando por debajo del diseño con la mano en la barbilla.

—A prueba de errores logísticos—señaló varias secciones con un puntero—. Podrá compatibilizar cualquier tipo de base de datos que exista sin que surjan complicaciones tanto en la transmisión como en la lectura de los datos.

El grupo del Este, Yuri y Xiaomi, dio su visto bueno. El grupo del Oeste, a regañadientes, dio un voto de confianza. La secretaria Ellen Dugan suspiro aliviada.

Roderick se acercó a Jim Mason y le estrechó la mano. El doctor Blake expresó su satisfacción. Patrick mantuvo la compostura y actuó educadamente.

Jack apareció por sorpresa por la misma puerta que Rod. Patrick se pasó las manos por la cara para relajarse un poco, cuando vio a su padre, advirtió una luz roja recorriendo su cuerpo.

—¡Jack!—gritó—¡Al suelo!

Todos miraron en dirección a Jack. Thomas no entendió nada. Jim intentó situarse y cuando vio el punto rojo en el pecho de Jack, actuó rápido

—¡Todo el mundo al suelo!

Las imágenes continuaban proyectadas. Alguien señaló varios objetos cayendo desde las alturas. Cuando Rod se dio cuenta, fue demasiado tarde, una explosión de luz cegó a todos. El techo comenzó a caerse a pedazos y las imágenes se distorsionaron por las interferencias. La luz del hangar se apagó y se encendió la luz de emergencia.

Yuri protegió a Xiaomi, Max y Thomas dirigieron a los invitados a la habitación de seguridad del segundo piso y Jim se resguardó debajo de la escalera. Allí había gato encerrado.

Jack y Roderick sufrieron una punzada en sus cuellos. Una sobrecarga en sus dispositivos provocó que revivieran momentos del pasado y alucinaran por unos segundos, hasta tal punto que ambos cayeron al suelo. Rod, haciendo uso de su entrenamiento cibernético, uso las últimas energías que le quedaban para escapar de allí sin dejar rastro.

La estructura del techo, cables y cemento, era perfectamente visible. Jim Mason caminó por la superficie y, con cuidado, inspeccionó la montaña de escombros que había caído del techo pero descubrió que todo eran hologramas. Probó suerte con un protocolo de seguridad y dio unas palmadas. Todo volvió a la normalidad.

—¡Todo controlado, Thomas! Todos pueden bajar. Todo ha sido un truco—Max y Patrick acudieron velozmente, Roderick había desaparecido. Jim se acercó a Jack y comprobó que estaba inconsciente—. Alguien ha debido usar la red de la agencia para producir ese súper holograma de enormes proporciones y al mezclarse con la presentación, provocó una saturación en la frecuencia de los dispositivos de su córtex.

—¿Crees que el daño es peligroso?—preguntó Thomas.

Jim Mason analizó la situación.

La agencia estaba comprometida. La secretaria Ellen Dugan se acercó a Jim, le dio unas instrucciones y Jim, sorprendido, arqueó una ceja.

Era la única solución.

—¿Sabes dónde encontrarle?

—Conozco su paradero. Nada más—respondió ella.

Jim miró al doctor Blake y éste entendió la señal, pero debían ir dos personas. Max Sheppard se acercó a Jack y le recogió con cuidado del suelo. La reunión había terminado y debían ganar tiempo.

—Señoras y caballeros—Jim miró a la habitación de la segunda planta—, lo que acaban de experimentar es un software de simulación holográfica. No les he dicho nada para conocer su opinión. En esta casa estamos llenos de sorpresas.

Los invitados del Oeste comentaban entre ellos, mientras Yuri daba unos aplausos.

—Ha sido una visita oficial que nunca olvidaré—miró a Jack y a la secretaria—Se lo juro, esto no se olvida.

—Les avisaremos cuando contactemos con Industrias Astratech y fijemos otra visita para conocer al señor Nikola Tesla, esta vez en persona. Creo que ha sido un día fructífero para todos—Las miradas eran positivas—, si todo está bien, por favor doctor, acompañe a nuestros invitados a la salida. Max, trae a Jack, Patrick, los tres venís conmigo.

Jim agarró a Patrick. La secretaria les acompañó hasta un ascensor, vigiló su retaguardia y, cuando estuvo a la altura de la cámara de vigilancia, lanzó un guiño de advertencia.

«Prepárate Daniel, porque te necesitamos».

Llegaron ante una puerta y Jim puso su mano en el escáner biométrico.

—¿Exactamente a dónde vamos?—preguntó Patrick.

—Los dos lo sabéis—Sheppard y Patrick le miraron—. Esto ya lo hicisteis en Japón, pero vais a visitar a una persona. La agencia y la O.N.U. le tiene a sueldo para este tipo de situaciones. Es un especialista.

Con cuidado apoyaron a Jack en una silla, Max localizó un maletín y lo abrió en el suelo. En su interior se encontraba el equipo de teletransporte.

—Todavía me pregunto cómo ha podido Roderick perfeccionarlo tanto. Seguro que lo llevaba en su brazalete.

La secretaria le entregó a Sheppard las coordenadas y las introdujo en el sistema.

—Cuando lleguéis allí no habrá cobertura—explicó Ellen. Todos la miraron de reojo, no habría manera de informar—. No me miréis así, fueron exigencias suyas. Quiero un informe completo cuando todo este arreglado.

—¿Pero qué le va a hacer esa persona a mi padre?—preguntó Patrick.

Jim suspiró.

—Va a intentar que el dispositivo que lleva en el córtex no provoque daños a su cerebro y evitar que ese daño sea mayor—explicó Ellen Dugan—. Cuando lleguéis, lo entenderéis.

## 51

**Orwelliano**

De pies, con las manos detrás de la cabeza, Daniel contemplaba el espectáculo que sucedía en la Agencia de investigaciones avanzadas a través de los pantallas de su búnker, gracias a su contrato con el gobierno y al moderno sistema informático que su jefe le proporcionaba.

«El doctor Thomas ponía a salvo a los máximos representantes del mundo libre. Patrick despertaba del trance. Jack caía inconsciente al suelo. Roderick se teletransportaba milagrosamente. La secretaria de estado le lanzaba un guiño a través de la cámara y desaparecía de la zona de cámaras».

—Que manía tiene Ellen de creer que siempre estoy vigilando— Con el dedo fue cambiando de una imagen a otra—, que he hecho yo para merecerme esto—murmuró Daniel—. De modo que llegaréis de un momento a otro, entonces tendré que prepararme para el contacto.

Daniel cogió una botella de su licor favorito y tomó un trago. Con un mando a distancia cambió el canal de una de las pantallas: una habitación cerrada con una camilla y dos sillas se observaron en las imágenes. Salió de la habitación y caminó por el pasillo del búnker hasta llegar a un armario. Localizó un maletín y extrajo un artefacto con forma de pulsera que se colocó en el cuello. Regresó a su despacho, sincronizó todas las pantallas para mostrar el mismo lugar y activó el aparato para acceder remotamente a otra habitación.

Los sensores instalados en las paredes proyectaron su cuerpo y paseó por su interior para comprobar que la camilla y las sillas estaban perfectamente colocadas. Sus nuevos invitados llegarían de un momento a otro.

El ordenador advirtió de la presencia de tres organismos. A través de los altavoces, escuchó varios comentarios.

Ж Ж ЖЖ Ж Ж

Los tres compañeros aparecieron dentro de un pasillo de hormigón. Patrick se dio la vuelta y descubrió que su única salida era un puerta al final del camino.

—Max, ¿tu sabías de este lugar?—preguntó Patrick ansioso.

Max Sheppard sujetaba la mayor parte del peso de Jack. Golpeó con los nudillos la pared y entendió que estaban fuera de radar.

—No, pero te puedo asegurar una cosa—Analizó la puerta al final del pasillo—. La persona que esté allí escondida es demasiado importante para el gobierno, hasta tal punto, que está oculta en este búnker—Dio un paso al frente—, y seguro que nos está observando. No perdamos más tiempo y entremos.

Dos metros antes de tocar la puerta, una banda luminosa de color azul atravesó sus cuerpos por completo. Dos barras verticales de metal aparecieron de la nada a través de las paredes y desaparecieron del mismo modo. Trataron de accionarlo de nuevo pero no encontraron la forma.

—Maximillian Sheppard y Patrick Stevens, bienvenidos—saludó un voz electrónica—. No se molesten, el análisis sólo se realiza una vez.

Automáticamente, la puerta se abrió apenas unos centímetros. Max sacó su arma y se adelantaron para observar el terreno. Al cruzar la puerta, su arma salió desprendida hacia el techo. Sorprendido, trató de recuperarla pero fue inútil.

—Las armas o cualquier artefacto de fuego no están permitidos aquí. Son las normas—Una voz masculina resonó por el altavoz—. Creo que su amigo necesita ser atendido.

Sus sospechas se confirmaron, sin más opciones, accedieron a la habitación, estaba prácticamente a oscuras. Una lámpara colgaba del techo iluminando una camilla de hospital. Dos sillas y una mesa fueron lo único que encontraron. Apoyaron a Jack en la camilla y esperaron instrucciones.

—Conozco la situación, estoy informado—Señaló la voz masculina—. Creo que puedo ayudar a su amigo.

Max investigó la habitación pero no encontró nada que le ofreciera información.

—Díganos una cosa—miró a la camilla—. ¿Usted va a aparecer? Alguien tendrá que operarle o algo.

No hubo respuesta durante unos segundos.

—No han entendido el problema—Una imagen holográfica distorsionada apareció en la habitación—. El problema de su amigo no es biológico, no está herido físicamente. El problema reside en el dispositivo que tiene instalado en el córtex, debajo de la oreja. No esperen instrumental quirúrgico—La imagen se acercó a la cabecera de la camilla y señaló la parte trasera. Patrick se acercó y descubrió que había una pantalla colocada en un soporte tubular y una bandeja con un dispositivo. Alzó la pantalla por encima de la cabecera y la giró ciento ochenta grados. Cogió el dispositivo, apretó un botón y una luz azul fue la respuesta.

—Necesito que acerquen el dispositivo al cuello de Jack Evans y empezaremos la operación.

—¿Qué va a hacer exactamente?—pregunto Max mirando un panel que apareció en la pantalla.

—Algo sencillo—La imagen se colocó al otro lado de la camilla—. Vamos a acceder a la memoria del señor Evans y le salvaremos la vida.

Una tabla con las constantes vitales apareció a un lado de la pantalla. La imagen del cerebro apareció en el centro de la pantalla y el transmisor que Jack tenía instalado se remarcó en rojo. La imagen del cerebro desapareció y un cubo tridimensional apareció con miles de divisiones en color negro, blanco y gris.

—Debemos arreglar las zonas grises—Señaló Daniel— ¿Desean participar en el proceso de restauración.?

Patrick y Max se miraron. Si estaban allí era porque el gobierno confiaba en ese tío. La imagen distorsionada reflejaba el nivel de protección al que estaba sometido. Patrick observó el dispositivo de su padre y recordó los entrenamientos con Sam Beckson.

—¿Se refiere como a un entrenamiento de realidad virtual?— preguntó Patrick. Max se enderezó—. En D.A.R.P.A. hemos realizado algunos ejercicios usando gafas especiales—Max le miró—. No sé mucho sobre sus aplicaciones en medicina, pero… ¿Es posible?

El hombre de la imagen dibujó una sonrisa.

—Le sorprendería lo que el dinero y la investigación de muchos años pueden conseguir. Por favor, aparten los pies.

—¿Disculpe?—preguntó Max.

Dos columnas de metal surgieron del suelo y se detuvieron a la altura de sus cuerpos. Dos estuches metálicos se abrieron y mostraron dos artefactos.

—Pónganselo en el cuello, por favor. En breve comenzaremos la aventura.

Los dos compañeros cogieron su artefacto con aspecto de pulsera y se lo pusieron. Al instante, su mente entró en trance.

Ж Ж ЖЖ Ж Ж

Patrick abrió los ojos y se encontró en una habitación con una ventana sin cortinas. Estaba sólo y notó que no llevaba nada en su cuello.

Aquella situación era tan real como los entrenamientos en la agencia. Caminó hasta la ventana y le costó asimilar lo que descubrió.

Al otro lado del cristal había una piscina olímpica, miró a los flancos y entendió que estaba dentro de un polideportivo. En las gradas había una persona que nunca había visto. Entonces recordó que estaba en un ambiente virtual, extendió los brazos e hizo un movimiento con las manos para acercar la imagen. Y en ese momento, lo reconoció. Era el hombre del flashback que tuvo en el ataque de luz de D.A.R.P.A. El hombre del tatuaje.

.Patrick escuchó un ruido parecido a cuando golpeas el cristal. Desde otra ventana, Max trataba de llamar su atención, les habían colocado en habitaciones separadas. El hombre del tatuaje señaló a la piscina. Patrick se dio cuenta de que había una persona flotando en el agua y, al descubrir quién era, se arrimó completamente a la ventana.

—¡Papá!—gritó Patrick golpeando la ventana todas las veces que pudo.

—Por mucho que golpes el cristal, no se romperá—señaló Daniel—. Te recuerdo que estamos en los recuerdos de tu padre, Patrick, él manda en este mundo—señaló a Jack—. En realidad no puede oírnos ni vernos. Somos simples visitantes en una atracción virtual o, si lo prefieres, un cinéfilo viendo una película.

—No lo entiendo—respondió Patrick—. ¿Entonces qué hacemos aquí?

Antes de que pudiera hacer otra pregunta, el agua de la piscina se distorsionó. Todo el lugar tembló levemente, ciertas partes de la simulación se pixelaban y desaparecían temporalmente.

—¡Para arreglar eso!—gritó Daniel. Max observaba desde su habitación—. Creo que es hora de presentarme, mi nombre es Daniel y mi trabajo consiste en arreglar este tipo de situaciones. Antes no me he presentado personalmente porque estoy en otro lugar y he accedido a este sitio remotamente. Y para realizar este trabajo utilizo el mismo sistema que ustedes—Señaló su cuello—, la diferencia es que ustedes son meros espectadores—Se levantó, bajó de las gradas y se acercó a la piscina—Miren, mientras esas zonas que parpadean no desaparezcan, se podrán recuperar. Si no, pues se borrarán y no queremos eso. Ahora mismo, estoy realizando una copia de seguridad del contenido de su cerebro. Piénsenlo como un ordenador al que hay que pasarle la revisión para no llevarse sorpresas.

—Pero el cerebro no es como un ordenador—Señaló Max alzando la voz.

—En realidad hace varios años que la ciencia logró mapear por completo el cerebro humano y se pueden borrar e introducir recuerdos a placer, incluso podemos visualizar dichos recuerdos en una pantalla—Ambos miraron atónitos—. Lo que estamos haciendo ahora está a otro nivel y por eso yo estoy aquí—Se adentró en la piscina y caminó por encima del agua—. La reconstrucción del cerebro es una tarea delicada pero posible, si tenemos en cuenta un cerebro natural, biológico—Se arrodilló delante de Jack y señaló el dispositivo—. Éste es un cerebro digitalizado, y por lo tanto, sigue las mismas leyes que un ordenador.

—¿Y por qué estamos en una piscina?—preguntó Patrick.

—Es un recuerdo de su padre. Usted sabrá, señor Stevens. Puede que esté entrenando, realizando pruebas con el dispositivo para futuras misiones en el mar. Yo no lo sé.

Daniel chasqueó los dedos y aparecieron varias pantallas a lo largo de la piscina. En la primera, apareció el progreso de la recuperación de Jack. En el resto de pantallas aparecieron otros recuerdos que habían sido afectados por el incidente.

Un recuerdo presentó el ataque sorpresa en la agencia. Otros eran más antiguos: operaciones de vigilancia, de seguimiento, recuerdos del ejército, un Patrick adolescente caminando por Central Park…

—Supongo que su padre tuvo sus motivos para ocultarse.

Protección, evitar que los malos le descubrieran a usted. Recuerdo ciertos incidentes en Washington hace unos años. Tengo entendido que usted estuvo allí—Daniel observó el porcentaje del proceso—Bien Jack—bajó la voz de manera inaudible—Tú y yo tenemos que hablar.

Chasqueó los dedos otra vez y ambos reaparecieron en otro lugar.

# 52

## Sincronización

Jack se encontró apoyado en una ventana observando una ciudad, le resultaba familiar pero no lograba situarla. Respiró profundamente y se separó del marco del cristal. En la pared un cuadro llamó su atención. Arqueó una ceja y se dio cuenta de que estaba cerca de unas escaleras y por las paredes había cuadros colgados. Subió por los peldaños y se encontró en un callejón sin salida. Regresó hacia atrás y bajó al piso inferior pero tampoco encontró un salida.

—Son los cuadros del Casillo de Coral, ¿te acuerdas?—dijo una voz—. La operación «Muro de Roca», menuda noche—Una persona apareció de la nada y descendió del piso superior—. Hola Jack, viejo amigo. Me alegro de verte.

Los cuadros representaban paisajes de todo tipo, desde ciudades devastadas, la naturaleza de diferentes latitudes, hasta utopías autosuficientes situadas en el interior de enormes islas en el océano.

—Daniel—dijo Jack en voz baja. Se miró las manos y le empezó a doler la cabeza—Estamos dentro de mí...—murmuró mientras se acercaba a la ventana. Al volver a mirar los edificios de esa ciudad recordó lo que era—. Sé que esto no es real...—Apoyó las dos manos contra la ventana. Contempló un vehículo circulando por el aire y aterrizando en la superficie—, porque esa ciudad está muy lejos de aquí—Tragó saliva— ¿Tan grave es?

Daniel admiró la fuerza de su amigo. Incluso inconsciente era capaz de diferenciar la realidad.

—Tú hijo y el capitán Max Sheppard están en un nivel inferior esperando que solucione tu problema. Tienes varios sectores del disco duro de tu dispositivo dañados y me han encargado la misión de salvarte la vida. He recreado este lugar porque sabía que lo recordarías, la torre del reloj—Ambos miraron por la ventana. Una ciudad muy adelantado en el tiempo, una utopía de la tecnología—. He encontrado el libro, Jack—Su amigo le miró—. Lo he encontrado en Industrias Astratech. Roderick Schiff requirió de mis servicios, por su puesto, a través de la secretaria de estado, de Ellen. Ha hecho bien su trabajo, tras muchos años de intentos, he logrado acceder a esa fortaleza digital—Miró los cuadros y los revisó—Ese general tenía un gusto verdaderamente místico y particular—Jack localizó una estatua en la ciudad y Daniel se dio cuenta—. Por cierto, Nikola Tesla ha aparecido. Ya es un hecho, pero está delicado. Ese tipo de viajes pasan factura.

—Entonces todo es cierto—expresó Jack—. Él estuvo allí, sé que aquel día en la montaña me enseñaste la ciudad pero pensar que el experimento Arco Iris de Filadelfia le llevó de verdad a ese punto en el universo[49]... Ponte en mi lugar, necesitaba pruebas.

Daniel giró la cabeza momentáneamente, chasqueó los dedos y una pantalla mostró a su invitados en el recuerdo de la piscina.

—Tu hijo tiene tus genes, Jack. Cualquiera se hubiera vuelto loco al viajar por el tiempo y él aguantó la presión—Observó que la barra de progreso avanzaba—. Debo regresar o pensarán que les he abandonado.

Chasqueó los dedos de nuevo y reapareció en el primer nivel de la simulación.

—Daniel, ¿cómo va la recuperación?—preguntó una voz.

—Todo va bien señores, no se preocupen—El proceso estaba al 70%—. Voy a cambiar de recuerdo.

Ж Ж ЖЖ Ж Ж

---

[49] Referencia al capítulo «Top Secret» de «La llave de la eternidad».

La familia Astratech trató de centrar sus energías en sus respectivas responsabilidades.

La señorita Elizabeth Rousseff y el ingeniero ruso Alexei Baskov trabajaban con los nuevos materiales importados desde Asia para sus nuevos diseños de prótesis artificiales. La experta química Melinda Kuhn y el bioquímico noruego Arnold Morgan continuaban el trabajo de Ezequiel de aplicar nanotecnología a las vacunas para vigilar cualquier tratamiento en tiempo real dentro del cuerpo del paciente. El matemático Otto Warburg y el físico Inesh Lazard trabajaban en las futuras defensas del proyecto L.A.I.C.A. Halley Manfree y su hermanastro Paul Sheppard continuaban encerrados en la habitación de realidad virtual.

La alarma se encendió en el Castillo de San Marcos.

Dos entidades biológicas se materializaron sin previo aviso en la azotea del edificio. El androide Sysco acudió ipso facto para estudiar la situación. La imagen de los viajeros activó su protocolo de emergencia y comunicó las identidades a sus compañeros a través de la red. Aleksei acudió lo más rápido que pudo para ayudar.

Nikola Tesla había envejecido, además de sangrar por la nariz y tener los ojos en blanco. Ezequiel estaba mareado y le rogó que examinara a Nikola de urgencia en el laboratorio. Aleksei atendió la petición y lo colocó en la camilla del escáner. Las pantallas de la habitación mostraron un falló orgánico completo. Se quedaba sin tiempo.

—¡Melinda, Arnold! Traed el suero—comunicó Aleksei por su transmisor.

Sus compañeros llegaron al laboratorio con un pequeño maletín y extrajeron el contenido mientras Sysco colocaba a Ezequiel en otra camilla. Arnold Morgan comprobó los datos de Nikola en la pantalla.

—¡Sólo tenemos una oportunidad!

Las constantes habían caído y los pitidos de alerta resonaron ininterrumpidamente. Arnold se preparó para inyectar el suero experimental al paciente, su mano no tembló. Los hermanos aparecieron por la puerta y Melinda evitó que contemplasen la escena.

Al principio no sucedió nada, las constantes continuaban inestables, los pitidos de las pantallas molestaban pero nadie los prestó atención. Arnold comprobó que el pulso seguía débil. Aleksei miró a su compañero buscando respuestas.

—Sólo queda esperar un milagro.

—¿Ahora eres religioso?—preguntó el ruso—. Te creía un hombre de ciencia.

—Ya sabes a lo que me refiero—Miró al paciente—. El objetivo de este proyecto—Señaló la jeringuilla—, es que los nanorobots del suero se dispersen por el sistema sanguíneo y hagan su trabajo. Nikola ha estado a saber en qué lugar durante más de setenta años y apareció dentro de esa máquina. Me espero cualquier cosa.

Las constantes se recuperaron vertiginosamente. Nikola abrió los ojos y respiró profundamente por la boca. Aleksei inmovilizó al paciente mientras Ezequiel, apenas recuperado, trataba de levantarse de la camilla para acudir en su ayuda. Trataron de suministrarle un tranquilizante pero no surtió efecto.

Arnold se dio cuenta de un detalle.

—¡Mirad!—Señaló el pelo y la piel de la cara—. Funciona, las células se están regenerando. Parece que la fórmula es un éxito.

La alarma se encendió por segunda vez en el Castillo de San Marcos, sólo podía ser una persona. Sysco analizó la situación y salió de la habitación para dirigirse al pasillo principal. Roderick Schiff está tirado en el suelo.

—¡Ayuda!—trató de pedir con un hilo de voz.

Sysco sincronizó su sistema con el transmisor neuronal de Rod para comprobar qué había sucedido. Las imágenes de lo sucedido en la agencia le dieron la respuesta, cargó el cuerpo en sus hombros y lo llevó junto con sus compañeros.

En el laboratorio, Ezequiel trató de tranquilizar a su compañero pero varias chispas eléctricas saltaron por su ropa. Las imágenes regresaron a la cabeza de Rod y gritó tapándose la cara. Nadie entendía nada.

Nikola Tesla estaba estable.

Sysco proyectó los últimos instantes grabados en D.A.R.P.A. y la secuencia de un disparo les dio al respuesta.

—¿Quién ha hecho eso?

Nadie respondió a esa pregunta.

—Eso ha afectado a su sistema cibernético. ¡Hay que darse prisa!

—El técnico—murmuró Rod combatiendo la avalancha de imágenes que recorrían su cerebro—. Llamad a Daniel... Él puede ayudarme.

Una tarjeta se proyectó en su brazalete. Ezequiel tomó el mando de la situación y decidió hacer la llamada. Para que Rod pidiese ayuda debía ser algo grave.

Hubo señal pero nadie respondió, Ezequiel pronunció el nombre y una voz juvenil confirmó al otro lado.

—Corporación Cybersyn—anunció la voz— ¿En qué puedo ayudarle?

Ezequiel meditó sus palabras.

—Hola, pertenezco a Industrias Astratech. Mi compañero Roderick le ha nombrado y dice que puede ayudarle. ¿Qué debo saber?

—Conéctenle a la red., rápido—ordenó la voz.

La llamada se colgó.

# 53

**A tres bandas**

El suelo de la habitación se iluminó de color azul. Las pantallas de su despacho mostraban la escena del polideportivo: las dos habitaciones, la piscina y las gradas. Daniel se tomó la libertad de conectarse a la red de Industrias Astratech y acceder a su red de cámaras, pero por algún motivo que desconocía, algún tipo de seguridad no le permitía acceder al laboratorio de Ezequiel Jamil, esa sección de la empresa se había hecho impenetrable. Trató de actualizar el sistema varias veces pero no dio resultado.

«Mierda, ¿lo habrán descubierto?—reflexionó—En todo caso habrían respondido de alguna forma».

Las pantallas de la habitación notificaron una entrada masiva de información desde Industrias Astratech. Eso le sorprendió.

Daniel reconfiguró su sistema y separó los datos en diferentes columnas para poder analizarlo mejor. Colocó la información del cerebro de Jack a un lado y, a otro, instaló la línea de Roderick. El sistema clasificó automáticamente la información y descubrió que Rod estaba conectado directamente a la empresa.

«Archivo personal de Roderick Schiff»:

#Descubrimiento en la década de 1960 de un artefacto desconocido en el interior de un meteorito en los terrenos del capitán Rick Smutther.

#Participación del presidente de la Corporación Yamata, Jayden Yamata, en el diseño de la arquitectura de L.A.I.C.A. y proveedor oficial de los materiales necesarios para su construcción.

#Contrato firmado con la institución S.E.T.I. para proveer satélites de largo alcance en calidad de socio potencial para futuras investigaciones.

«Investigaciones sobre tecnologías de nueva generación, planes de expansión, sesiones informativas, viajes de empresa...». La lista era interminable. La información incluía varias páginas con ilustraciones firmadas por Halley Manfree. Daniel no entendió de dónde había sacado las imágenes esa adolescente por la similitud tan exacta con su ciudad, pero recordó que era hija de Stuart Manfree y cambió de carpeta.

#Desarrollo de un software para gestionar una red global de información, instalado en L.A.I.C.A., creada por Industrias Astratech y supervisada por la O.N.U. Nombre en clave: Sysco.

Eso le resultaba familiar. Daniel realizó una copia de seguridad de la información de Roderick y utilizó el mismo programa de recuperación de datos que usó con Jack. Mientras el sistema trabajaba, Daniel recordó toda la investigación de Jack sobre Astratech de los últimos veinte años. Existía la posibilidad de descubrir nueva información al cruzar sus memorias. No tenía nada que perder, Jack estaba estable y, para él, Rod era irrelevante.

«Cruce de datos entre el archivo de Jack Evans y el archivo de Roderick Schiff»:
#Desarrollo de una máquina del tiempo, de nombre en clave Proyecto Pegasus, en base a las anotaciones digitalizadas del cuaderno perdido de Nikola Tesla.

#Uso de fondos privados del general Bartholomew Sheppard para reestructurar y actualizar todos los sistemas de Industrias Astratech.

#Investigación judicial de la O.N.U. a la empresa de tecnología Astratech, en base a los hechos sucedidos en Abril de 2013, bajo la dirección de Roderick Schiff, director en funciones, quien deberá colaborar con la institución de las Naciones Unidas durante el proceso hasta que el tribunal supremo dicte una respuesta.

El sistema notificó una tercera entrada de datos, más lenta y encriptada. El acceso provenía de la misma habitación en la que se encontraba Roderick. Daniel intentó analizar los datos y descubrió que el acceso provenía de un diminuto robot en el torrente sanguíneo de una persona. Alguien había recibido un tratamiento de nanomedicina, y teniendo en cuenta la reunión en D.A.R.P.A., su compañero de viaje estaba en problemas.

—Hola Nikola, veo que las cosas se han complicado y tus nuevos amigos intenta repararte. Puede que al final sigas vivo al final de día.

Debía hacer una llamada y dar su informe.

Desplazó las tres columnas de información e inició una videoconferencia. Un avatar distorsionado apareció en el aire con el mensaje «Conectando».

—Daniel—saludó Jessup—¿Qué tiene para mí?

—Información privilegia, señor—Daniel seleccionó varios trozos de información de las columnas y los colocó alrededor de Jessup—. El expediente del asteroide, los dibujos de Halley, el sistema Sysco… Y lo más importante—Jessup examinó varios documentos—. Nikola Tesla ha sido ingresado de urgencia y le han suministrado un suero con nanorobots—Jessup arqueó una ceja—. Señor, he podido acceder a él por esos bichitos.

—¡Espere, espere, Daniel!—Jessup se rascó la nariz mientras comprobaba los datos del análisis sanguíneo—. Eso significa que podemos monitorear su sistema biológico. ¡Es un gran avance!

La información continuaba archivándose: Imágenes y documentos clasificados a libre disposición. En otra ventana, D.A.R.P.A. se encontraba en estado de emergencia.

—Señor—Daniel miró todas las ventanas—¿Algún día terminará todo esto?—Jessup intentó concentrarse en la pregunta de Daniel—A veces, quiero que todo esto termine.

—Verás, Daniel—Jessup se pasó la mano por el pelo—. Todo terminará el día que Nikola Tesla nos cuente su viaje. Setenta y tres años de diferencia contigo tuvo que proporcionarle mucho tiempo para pensar o experimentar cosas. De momento, sólo nos queda esperar. Pero será por poco tiempo—Daniel giró la mirada a la ventana de D.A.R.P.A.—Es momento de que les des un respiro. Estamos en contacto, mi querido amigo.

El avatar de Jessup desapreció y las columnas de información volvieron a sus posiciones iniciales. La copia de seguridad de Roderick continuaba activa. El daño producido había sido similar al de Jack, algunos datos se perderían, era inevitable. Daniel se fijó en la carpeta de Halley Manfree y estudió las imágenes.

«Una combinación de zonas verdes, edificios con formas poligonales y personas con tatuajes. Niños acudiendo a un centro de aprendizaje, adultos trabajando al otro lado de la ciudad, y un edificio totalmente diferente al resto de la ciudad donde una sombra observaba desde una ventana. Humanoides se encargaban de los trabajos de limpieza y la seguridad de la ciudad vigilaba el perímetro exterior. Varios vehículos casi idénticos levitaban en el aire a más de quinientos metros de la superficie realizando tareas de mantenimiento en una cúpula geodésica que cubría toda la ciudad».

Se ocuparía personalmente de guardar esos recuerdos. Daniel cerró la carpeta y activó el micrófono para comunicar la situación de Jack Evans a D.A.R.P.A.

# 54

### Secreto

Los invitados descansaban en el comedor de la agencia y en sus mentes siempre recordarían como sobrevivieron a un ataque sorpresa holográficamente simulado. El doctor Thomas Blake trataba de contactar con Jim pero asumió que estaría reunido con Sam Beckson en el laboratorio para analizar el origen de las imágenes y asesorarle en encontrar una buena explicación.

Jim decidió ejecutar la orden de código rojo en todo el edificio, nadie entraba y salía. Debían encontrar la señal que había penetrado sus sistemas y había costado tantas sorpresas. Respecto al estado de Nikola Tesla y de Jack, estaban a ciegas.

—¿Quién se ha atrevido a infiltrase en la agencia y darnos ese susto de muerte?—gritaba una y otra vez el agente Jim Mason.

El ordenador central de la oficina realizó un análisis completo de los videos de seguridad. Un sujeto desconocido había traspasado el cortafuegos de la agencia y había navegado libremente por la red interna.

—Es lo mismo que sucedió en 2013 con el video del dron—Jim arqueó un ceja y miró a su compañero asesor Sam Beckson—. Piénsalo un segundo, es la segunda vez que sucede y ,casualmente, cuando aparece Roderick Schiff. Pero también es igual de posible que sea una coincidencia.

—Astratech se jugaría mucho si lo intentase—Se sentó en su sillón y reflexionó— ¿Por qué iban a arriesgarse y romper el acuerdo con el gobierno? ¡Es de idiotas!

El análisis mostró todas las posibles ubicaciones desde donde se pudieron proyectar las imágenes y una en especial le llamó la atención

—Quiero zoom en la ventana de la zona superior—ordenó Jim al ordenador. Una imagen parecida a un rostro le hizo levantarse—. ¡Acercar y analizar!—ordenó. La imagen estaba distorsionada—. ¡Limpiar!

La respuesta se encontraba allí.

—No es una persona—señaló Sam—. Es la imagen de un rostro en la ventana—. Inclinó la cabeza y se acercó a la pantalla—. No tiene sentido.

Jim cayó en la cuenta.

—En realidad tiene todo el sentido del mundo—Caminó por la habitación y gesticuló—. Si alguien ha sido capaz de infiltrarse en nuestra red y colarnos un simulacro holográfico… ¿por qué no estar presente de la misma manera y reírse de nosotros?

—Estás hablando de un software de simulación que usa un satélite para proyectar y reproducir un situación diseñada al milímetro…—Sam se sentó en la silla de Jim—. Una reproducción a escala al gusto del consumidor… ¡Pero eso no existe!

Jim comenzó a reírse. Al principio, sin ganas, pero a medida que se imaginaba la cara del intruso, no pudo detenerse.

—Piénsalo… ¡Es brillante! Poder realizar una amenaza, del calibre que fuera, sin dejar pruebas—Clavó la mirada en el rostro de la imagen—. Y sólo una empresa puede hacerlo, puede que Roderick Schiff sea inocente, pero alguien de su compañía, no lo es.

El ordenador seleccionó el rostro de la imagen y la maximizó. El resultado fue la identidad de un viejo conocido.

Ж Ж ЖЖ Ж Ж

Sarah Gates, directora de D.A.R.P.A., meditaba sobre llamar al pentágono o tomar medidas internas, mientras que la secretaria de estado, Ellen Dugan, su enlace en la O.N.U., trataba de tranquilizarla. El auricular del teléfono estaba descolgado en la mesa cuando, de repente, un sonido mecánico las interrumpió. Un folio impreso apareció en la bandeja del fax.

«Su activo, el señor Jack Evans, se encuentra estable. No se preocupen. En breve se lo devolveré. Daniel».

Ellen Dugan dio el visto bueno al mensaje, si había algo que le tranquilizaba, era ese tipo de noticias. La directora suspiró y colgó el teléfono, pero volvió a sonar al instante. Ellen la miró fijamente y Sarah decidió activar el manos libres.

—Tenemos un posible sospechoso—notificó Jim—. Pero hay que abrir un poco la mente—Las dos mujeres miraron fijamente al teléfono—. Parece que algunos muertos siguen vivos.

—Explícate, Jim—exigió Sarah—. ¿A qué muerto te refieres? Hay muchos.

—Al único que no se puede localizar: Stuart Manfree, ex director de Industrias Astratech—Las dos mujeres no pestañearon—. Hemos obtenido una imagen de la escena, la hemos analizado y la cara coincide, pero tiene un tatuaje en el cuello. El que nosotros conocimos, no lo tenía.

La directora Sarah Gates se levantó de la silla. Ese dato era imposible.

—¿Hay probabilidad de un hermano gemelo?

—Negativo, al menos no en los archivos, por eso he dicho que había que abrir la mente. En la misión extraoficial a Japón—La secretaria Ellen Dugan miró a Sarah—, nuestros operativos encontraron un almacén clandestino que investigaba el diseño artificial de órganos humanos. En otras palabras, imprimir órganos. Jugamos con la posibilidad de que exista un clon de Stuart Manfree, pero sólo es una teoría—No hubo respuesta desde el otro lado—. Sarah, ¿me escuchas?

—Perfectamente—respondió Sarah mirando a su compañera.

La secretaria escribió una nota en su móvil y lo dejó en la mesa: «Exijo una explicación».

—Considero la opción de preparar una visita sorpresa a su empresa, llevará unas horas—recomendó Jim Mason.

—De acuerdo. Así también podremos averiguar la naturaleza del señor Nikola Tesla. Al final, con todo el asunto del simulacro holográfico, estoy dudando de la veracidad de esos videos sobre su existencia. Hay dos cabos que cerrar. Encárgate, Jim.

Ж Ж ЖЖ Ж Ж

Jack Evans contempló otra vez ese lugar a través de la ventana virtual que su mente le ofrecía. La ciudad estaba resguardaba por una cúpula y el cielo que la cubría era de un color rojizo. Antes de poder formularse más preguntas, las escaleras que tenía a su espalda desaparecieron y apareció en una habitación blanca y vacía. Miró a los lados y supuso que Daniel tendría algo ver en ello. Una puerta de madera se materializó y la sombra de una persona accedió por ella. Jack se puso en guardia pero en seguida se dio cuenta que no le serviría de nada.

—No tiene de qué preocuparse, señor Evans. Soy amigo, no enemigo—dijo la voz aproximándose.

—Esa puntualización tendré que decidirla yo—respondió sin perderle de vista.

—¿Le apetece sentarse?—Señaló el hombre.

Sabía que era un truco, el sitio estaba vacío. Se dio la vuelta y, efectivamente, en el centro de la habitación blanca había un sofá y un sillón. Su mente no ejercía ningún control sobre ese lugar, alguien le había pirateado, de modo que le siguió la corriente. Se sentó en el sofá y prestó atención. El señor chasqueó los dedos y ambos aparecieron en el interior de una cabaña con la chimenea encendida y una pequeña mesa de madera apareció ofreciendo dos copas llenas.

—¿De qué sirve beber sabiendo que no es real?—preguntó Jack analizando la situación.

—¿Acaso lo ha intentado? La tecnología ha avanzado tanto que es capaz de engañar a la gran máquina que se esconde dentro de nuestra cabeza. A veces uno trabaja tanto sobre este campo que empieza a olvidar lo que es la verdadera realidad y termina por experimentar todo tipo de sensaciones—Cogió el vaso, olisqueó el líquido, dio un trago, saboreó el líquido y tragó—. Le sorprendería todos los sabores y texturas que se pueden simular—Dejó el vaso en la mesa—. ¿Tiene algo mejor que hacer?

Jack dudó por un momento, pero tenía razón en eso. Aceptó la invitación y dio un trago a su copa. Su paladar saboreó ese momento.

—¿Sabe por qué estoy aquí?—preguntó el hombre.

—¿Estoy muerto y tienen mi cerebro dentro de una máquina para extraer todos mis secretos?—El hombre comenzó a reírse a carcajadas, levantó la pierna y golpeó la mesa. Jack miró el movimiento de su vaso—. Supongo que no es por eso—Odiaba perder el tiempo—¿Sigo vivo?

—Sí, Jack sigues vivo, Daniel se ha encargado de eso—respondió tranquilizándole y mirándole fijamente—. ¿De verdad no te imaginas quién puedo ser?

Jack tenía una respuesta.

—Su jefe—Jessup junior aplaudió—. Supongo que es la única persona a la que Daniel permitiría irrumpir de esta manera en su sistema—Jessup asintió—. Y supongo que viene a darme las gracias por mis servicios ofrecidos todos estos años—respondió Jack y procedió a dar un largo trago, miró la copa y decidió lanzar el objeto de cristal contra la pared. El resultado fue sencillo: el cristal se desmaterializó.

—Algo así—respondió Jessup—. Tu papel ha sido crucial en esta aventura, Jack. Sin la información que nos estregaste en Sudamérica, no habríamos avanzado en la investigación del general Bart Sheppard y la tecnología de Industrias Astratech. Daniel necesitaba ciertos avances científicos para curar su problema.

—Su tatuaje, me lo contó.

—Sí, eso—Jessup sonrió. Jack sólo necesitaba saber lo necesario, los temblores que le producía su sistema nervioso habían sido un quebradero de cabeza—. Gracias a los avances de ese tal doctor Ezequiel Jamil y a sus compañeros, Daniel se ha curado. Y por eso me gustaría agradecértelo de alguna manera. ¿Hay algo que te gustaría saber?

Jack no había tenido oportunidad de ver a Nikola Tesla.

—Daniel hablaba de una persona, un científico, el señor Tesla. Dijo que algún día aparecería y entonces, Astratech hizo ese anuncio de que lo tenían en sus dominios... ¿Será cierto? ¿Existe?

Jessup realizó un gesto en el aire y varias pantallas con los bordes iluminados se materializaron. La enigmática aparición de Nikola Tesla, el aprendizaje con la tecnología, las horas de ocio con las gafas de realidad virtual... Jack recordó la estatua de aquella ciudad. El viaje era cierto, había regresado.

—Usted no es el único con recursos para obtener información—Ambos contemplaron las imágenes—. Nuestro amigo Daniel tiene un historia muy singular, muy particular. Supongo que le ha enseñado su ciudad—Jack asintió y Jessup sonrió—. Es una buena historia para contar a los nietos.

—Dos mundos tan diferentes y el universo cruzó sus caminos—interpretó Jack juntando la información.

Jack experimentó un desvanecimiento, sus manos desaparecían y regresaban al mismo tiempo. Su cuerpo experimentó lo mismo.

Alguien trataba de despertarle.

—Creo que ha llegado su hora, señor Evans. Pero tranquilo, nos volveremos a ver. Quizás en un futuro o quizás antes de lo que imagina, eso el universo lo decidirá.

Jack desapareció y Jessup se quedó contemplando los recuerdos. La imagen del sofá Jack se distorsionó hasta desaparecer y, en su lugar, tres sillones se materializaron alrededor de la mesa: Una mujer voluminosa y un hombre de raza negra tomaron asiento y, en la cuarta posición, apareció la imagen distorsionada de un avatar masculino con un recuadro que ponía: «L.R.».

—¡Por el amor de Dios!—Se quejó la señora Figueroa—. ¿Tampoco podemos verle en persona, aunque sea de manera virtual?

La imagen no artículo ninguna palabra, pero un recuadro apareció delante suya. Una mano invisible tecleó varias palabras:

«Creo que mi dinero siempre ha sido bien recibido, o ¿me equivoco?».

Jessup se puso serio.

—Sí, número cuatro, y le agradecemos su aportación para esta organización. Pero alguna vez, incluso a mí me gustaría poder conocerle.

El hombre de color, el señor Gibson, tomó la palabra.

—¿Cómo ha reaccionado el señor Evans?

—Como estaba previsto, como un soldado. Se ha tranquilizado al saber que toda su investigación, a lo largo de los años, ha servido para algo.

Las pantallas continuaban en el aire y todos las observaron.

—Y ahora, ¿qué? —preguntó Figueroa.

—Ahora D.A.R.P.A. debe hacer su siguiente movimiento. El general Bart Sheppard no era el único que sabía jugar al ajedrez. Cada maestro tiene su librillo, y nosotros no somos una excepción. La hora final ha llegado amigos y nosotros esperaremos en la línea de meta.

Ж Ж ЖЖ Ж Ж

Daniel regresó a la piscina.

Dos avatares estaban sentados en las gradas. Sus invitados, Max y Patrick, se levantaron y observaron una sonrisa en el rostro de Daniel. En la piscina, Jack se encontraba boca arriba. La mayor parte de las zonas pixeladas se habían recuperado.

—Su padre se recuperará, señor Stevens. Ha sido un proceso delicado, pero ha valido la pena correr el riesgo. Ahora regresarán a la habitación donde reside el cuerpo.

—¿Por qué?—pregunto Patrick mirado el lugar— ¿Por qué así? ¿Por qué aquí?

Daniel miró fijamente el agua. Ese elemento se había usado durante milenios para realizar tratamientos para la salud y a él le recordaba a la vida marina[50] que no pudo disfrutar en su ciudad natal.

—Me gusta el agua, simplemente eso—Inconscientemente Jack movió un brazo—. Deben irse caballeros, todo está preparado.

Daniel chasqueó los dedos y sus dos invitados desparecieron. Movió la mano en el aire y apareció una pantalla: las constantes de Roderick se habían estabilizado, ambos habían sufrido los mismos efectos. Decidió actualizar la copia de la memoria de Rod y envió un aviso a Industrias Astratech.

Extendió los dos brazos y apareció una colección de imágenes extraída de las tres mentes.

—Todo va teniendo sentido, el general fue muy listo. La gente de Astratech fueron los peones, Stuart su as en la manga y Patrick la anomalía en su plan.. Lo tenía todo calculado, excepto esto, y ahora se ha iniciado una nueva partida y yo controlo todos los flancos.

---

[50] Referencia al capítulo «El técnico».

Ж Ж ЖЖ Ж Ж

Max y Patrick despertaron en la habitación de la camilla. Se quitaron los dispositivos y respiraron profundamente.

—Ha sido más real que los entrenamientos—comentó Patrick—. Hubo momentos que sentí que estaba cerrado sin poder escapar.

Tumbado en la camilla, Jack empezó a menear los dedos de una mano, las órbitas de sus ojos se movieron, su respiración aceleró. Sus constantes estaban estables.

—¡Jack!—gritó Max.

El paciente trató de incorporarse. Se sujetó a la camilla con una mano mientras se tocaba la cabeza con la otra.

—¿Qué ha pasado?—preguntó sin fuerzas. Levantó la mirada y distinguió dos rostros. Les sonrió y miró a su alrededor—. ¿Qué es este lugar?

—Una especie de enfermería—respondió Max para no alargar la conversación—. Le hemos traído desde la agencia—Jack se puso de pies pero la orientación le falló. Max le sujeto y le ayudó a incorporarse—. Tenemos que irnos. Patrick, abre la puerta.

Jack caminó con dificultad pero fue consciente del diseño del lugar. Una habitación, una puerta y un pasillo sin final: un búnker.

—¿De quién esto?—preguntó Jack.

Max miró a Patrick, no tenían permiso para dar esa información. Salieron al pasillo y caminaron hasta el dispositivo portátil de teletransporte. Era la primera vez que Jack veía ese dispositivo. Intentó enfocar su ojo biónico pero no recibió ningún tipo de información.

—No hay cobertura—comentó en voz alta—, aislamiento total.

Patrick activó el dispositivo y se colocaron en el interior del cuadrado. En apenas cinco segundos desaparecieron en un halo de luz.

## 55

### Plan de emergencia

Ezequiel Jamil había restringido las visitas para poder trabajar con comodidad. El suero especial de nanotecnología que había inyectado a Nikola Tesla había surtido efecto y la recuperación de sus órganos respondían positivamente. Era una gran noticia. Habían obtenidos datos muy positivos de las investigaciones secretas en Japón, mejorar la biología de un ser humano era posible.

En las pantallas del laboratorio apareció un mensaje:

«El señor Roderick Schiff se encuentra estable. No se preocupen. En breve, despertará. Daniel».

Las constantes de Roderick comenzaron a estabilizarse, nadie quería más sorpresas. Rod abrió los ojos y dijo algo ininteligible. Ezequiel se acercó a su amigo.

—¿Qué ha pasado?—repitió.

—Recibiste una sobrecarga en D.A.R.P.A. y usamos la tarjeta que nos diste.

Por el comunicador, Sysco informó a Ezequiel que debía poner el canal del satélite. Ezequiel no entendió las prisas pero siguió la recomendación. Encendió una de la pantallas del laboratorio, las imágenes señalaban a un grupo de vehículos dirigiéndose hacia ellos. La imagen cambió y apareció la orden de búsqueda y captura de Stuart Manfree. Ezequiel se sorprendió, no entendía la situación. Stuart no existía en el planeta, según el informe que le facilitó D.A.R.P.A. a Rod tras el acuerdo de cooperación. Una segunda imagen de perfil del sospechoso le dio la respuesta: un tatuaje en el cuello. Rápidamente activó su comunicador y ordenó a todos acudir a la enfermería.

En otro monitor, Ezequiel seleccionó el canal del almacén y comprobó que el contenedor del clon continuaba sellado y no había registros. Algo no encajaba.

Sus compañeros llegaron a la puerta, Rod se levantó y se unió a la reunión Alexei le agradeció el esfuerzo con una palmada en la espalda.

—Supongo que Sysco os ha informado—Todos asintieron—. Nadie esperaba que esto sucediera pero así ha sido—Miró la camilla de Nikola Tesla., continuaba sedado.

—¿Qué se supone que vamos a hacer con él?—preguntó Alexei señalando a Nikola—. Es arriesgado sacarle de aquí.

Por el monitor, varios vehículos se aproximaban a una manzana de distancia. Ezequiel sólo contempló una opción viable.

—Le meteremos en un contenedor en estado de éxtasis y con algo de suerte…—Miró a su paciente, no le hacía ninguna gracia tomar esa decisión—. Puede que no le encuentren, eliminaré su registro de la base de datos.

La imagen de Stuart volvió a salir en el monitor del noticiario. Todos miraron el tatuaje del cuello y Ezequiel señaló la pantalla de su contenedor.

—Algo no encaja—comentó Alexei— ¿Por qué tienen su fotografía?

Rod pensó detenidamente. El trato con la agencia consistía en cooperar en las investigaciones, el robo de información no estaba incluido. Alguien se había saltado las reglas.

—Alexei—ordenó Rod—. Coge a Nikola y ve con Ezequiel al almacén. El resto—Mirando a sus compañeros—, coged lo que necesitéis y esperad en el hangar.

—Pero, ¿a dónde iremos?—preguntó Alexei tratando de no parecer nervioso.

Elizabeth recibió un mensaje en su móvil. Rod la miró de reojo y la hizo una señal.

—¿Yamata?—preguntó Rod, Ella asintió. el mensaje contenía unas coordenadas. En la pantalla varios coches estaban apostados fuera de la verja del castillo—. Todos conocéis el protocolo, activaré las defensas del castillo. Ganaré todo el tiempo que pueda.

Ж Ж ЖЖ Ж Ж

En uno de los pasillos de la empresa, Sysco captó una transmisión por el canal secundario del castillo. Un comunicado de D.A.R.P.A. de carácter formal en formato de video:

«Doctor Roderick Schiff, soy Ellen Dugan, la secretaria de estado y su enlace en la O.N.U. Contacto con usted de manera pacífica, sólo queremos información sobre el individuo captado en las cámaras de seguridad de la agencia y de si se trata de una coincidencia o si existe alguna relación cercana o de parentesco con su antecesor, Stuart Manfree. No responder a este comunicado se interpretará como una negativa a colaborar».

Sysco transfirió el contenido de la transmisión al director en funciones, pero no recibió ninguna orden de respuesta. En esas situaciones, su programación no le permitía operar de manera autónoma. Antes de cerrar el canal de comunicaciones, recibió un actualización. El mensaje fue devuelto.

«Por nuestra parte, Industrias Astratech no tiene ninguna explicación o información confidencial que ofrecer a modo de respuesta. No nos hacemos responsables directos de la acusación, lo que no significa que seamos culpables de ello. Procedan como crean más preciso».

La secretaria Ellen Dugan tomó nota.

La actualización incluía varias órdenes adicionales. El androide comprobó que la puerta principal de la empresa estaba cerrada de manera segura, activó el sistema de seguridad de simulación holográfica y se dirigió al laboratorio para ayudar a transportar un contenedor al almacén.

# 56

## Redada

En el interior de la furgoneta, el equipo capitaneado por Max Sheppard iniciaba la cuenta atrás. Patrick respiró hondo, ahora pondría a prueba sus meses de entrenamiento, se colocó el casco táctico y comprobó que el visor estaba activo. El objetivo no eran terroristas pertenecientes a alguna lista de los más buscados, pero estaban en la lista de personas potencialmente peligrosas.

—¡Prepárense!—ordenó una voz por los auriculares—Les avisaremos cuando el campo electromagnético que cubre el castillo sea desactivado.

Una imagen panorámica del exterior apareció en el visor: «La verja de metal se encontraba a cien metros de su posición. Estaba cerrada y el patio interior se veía desolado»

—¿Crees que encontraremos algo en el interior?—preguntó Patrick a Max.

Max abrió la puerta y su equipo salió al exterior. Patrick y Agatha se posicionaron alrededor de la puerta.

—Sabemos que Astratech es pionera en muchos campos de investigación—Echó un vistazo a la azotea del edificio—. Nadie, excepto ellos, tiene acceso a las instalaciones. A no ser, claro, con autorización—Observó la pared del edificio—. No me sorprendería que nos encontráramos con algunas sorpresas.

El aire se vio invadido por una sucesión de ondas de energía. Max lanzó un bola de metal a través de la verja y se desintegró parcialmente al tocar las defensas. El campo magnético estaba a punto de fallar.

—Veo algo en el interior—murmuró Patrick.

—Yo veo más cosas—Señaló Agatha Sinner tratando de abrir la puerta y descubriendo que no estaba cerrada—. Es una trampa.

Max levantó el brazo e hizo una señal. Su equipo se preparó para entrar.

La imagen del patio había cambiado, un colección de vehículos adornaba la explanada y una esfera les vigilaba desde el cielo. El artefacto repitió varias veces que no disponían de autorización para estar en ese lugar, pero Max apuntó con su arma y disparó un impulso eléctrico. La esfera se volvió loca y descendió hasta estrellarse contra la pared de la muralla.

El equipo avanzó hasta la entrada y la agente Agatha Sinner comprobó el estado de la cerradura con un dispositivo. De repente, la plancha de metal de la puerta se comenzó a oxidar, dio un paso atrás por precaución, por alguna razón, a través del ojo de la cerradura asomaba el extremo de una raíz vegetal. Todos lo observaron y nadie lo entendió. Dos soldados alertaron que los vehículos del patio comenzaban a sufrir el mismo deterioro. El camino principal se había convertido en un puente de madera y el patio se llenaba de agua.

—D.A.R.P.A., aquí Sheppard—Hubo una pequeña interferencia pero la directora respondió—. Aquí está pasando algo extraño. ¿Pueden confirmar el video?

Desde la oficina, Sarah Gates asumió el mando. Jim Mason puso en pantalla el video de la conferencia de Roderick Schiff en la O.N.U. Los detalles eran similares

—Creemos que es una simulación—aclaró Sarah Gates observando el video de la misión en tiempo real—, pero no puedo prometerle que todo que encuentren lo sea. Tendrán que usar su intuición.

Agatha Sinner siguió órdenes y procedió a la apertura colocando un dispositivo en el cerrojo que provocó que el metal se fundiera en segundos y la raíz desapareciera. Max y Agatha empujaron ambos lados de la puerta y los problemas continuaron.

Las cuatro paredes estaban ocultas por un paisaje tropical con todo lujo de detalles: árboles, raíces, lianas, aves e insectos les dieron la bienvenida. Pequeñas musarañas se acercaron a sus pies, Max se agachó para examinarlas mientras el equipo tomaba posiciones.

—Espero que estén grabando todo esto desde la agencia—indicó Max intentando tocar el animal. Su visor detectó pequeñas vibraciones al tratar de tocar la piel, desvió la mirada y estudió el terreno—. Esta tecnología no la tenemos en casa—Varias zonas del paisaje se señalizaron con diferentes colores y facilitaba la exploración—. ¡Continuamos!—ordenó a su equipo.

Plantas carnívoras, mosquitos y diferentes especies tropicales surcaban por el espacio que proporcionaba la simulación. Troncos, piedras y trampas naturales fueron obstáculos menores. Un río se originó en el perímetro y decidieron seguirlo hasta otra sección de la pared que estaba adornada por multitud de lianas. Max acercó el arma y descubrió que era una puerta. El sensor les detectó y se abrió. D.A.R.P.A. usó la información y actualizó el programa de análisis.

El interior estaba completamente cubierto de vegetación. Dos mesas, en forma de media luna, reinaban en la habitación cubiertas de raíces. Patrick y Agatha avanzaron y descubrieron símbolos en los cabeceros.

—Esta debe ser su sala de reuniones—respondió Max pasando la mano por una de las mesas—. Es como si la simulación se mimetizará con el lugar, si no fuera por el análisis del visor, creería que es real—Percibió un extraño olor—Incluso el olor es real.

Patrick miró el otro lado de la habitación. Caminó por el pasillo central y notó una corriente eléctrica atravesándole el cuerpo. Experimentó una sensación más fuerte que en la agencia, cayó de rodillas y se llevó las manos al casco. La visión no se reprodujo de manera extracorpórea. La interfaz del casco interaccionó en el evento[51].

«Giró el cuello para realizar un primer vistazo y descubrió un laboratorio muy diferente a los de D.A.R.P.A. Pantallas de cristal, cápsulas para humanos y brazos robóticos que sobresalían del techo. Delante suyo, dos personas discutían. Una de ellas no permitía a su compañero dar el paso, el otro insistía que era la mejor opción. Uno tenía melena corta y una marca en el cuello y, además, vestía una especie de buzo; el otro tenía un bigote recortado y vestía elegantemente. Esa persona le resultaba muy familiar, pero no lograba distinguirle la cara. Patrick se acercó a la cápsula sabiendo que nadie le podía ver. El hombre elegante cogía un artefacto y se introducía en el interior de una de las cápsulas del laboratorio. Su compañero se dirigió a un panel de mandos y presionó un botón. Entonces le vio a través del cristal de la cápsula. Era él. Era Nikola Tesla. Varios golpes resonaron en la puerta del laboratorio al otro lado de la habitación. Debían de estar rompiendo alguna norma. La cápsula se llenó de un gas de color azul que, progresivamente, se transformó en blanco. Patrick recordó su experiencia en la máquina del tiempo. Entonces, Nikola desapareció. La puerta resonó con más fuerza. El otro hombre corrió hasta otra de las cápsulas y se cerró en su interior. El resultado fue el mismo, la puerta del laboratorio se abrió y la visión terminó».

Abrió los ojos y vio que Sheppard le gritaba.
No entendía nada, se notaba mareado. Su cerebro reaccionó cuando un lago de lava comenzó a entrar en la habitación. Sospechó que era otra simulación pero el olor le expresó lo contrario.

---

[51] Referencia al capítulo «Resplandor».

—Patrick, ¿estás bien? —gritó Max por enésima vez, levantó a Patrick y lo sujetó—. ¿Has tenido un episodio? ¡Vaya susto nos has dado!—Max volvió a pedir ayuda a D.A.R.P.A.—. Inténtenlo de nuevo, debe de existir una manera de llegar al servidor de la empresa.

—Negativo, su seguridad cibernética es infranqueable—respondió la agencia—. Deberán buscar otro modo de anular las defensas. Procedan con cautela.

«Por qué me pasa siempre esto en este tipo de situaciones—pensó Patrick».

Miró a sus compañeros y buscó el artefacto responsable, pero no había nada. Estaban rodeados de una jungla que desaparecería al ser engullida por la lava. Max se puso al frente y comenzó a buscar posibles blancos extraños. Su sensor señaló una posible fuente de luz. La lava alcanzó la mitad de la habitación y el olor se volvió insoportable. Max disparó en la dirección señalada. Todos fueron testigos del desvanecimiento de la ilusión. Cada sección de la jungla y cada gota de lava se desprendió en pequeños cristales hexagonales que se desvanecían en el aire.

Patrick recibió otra corriente eléctrica, diferente, como una llamada. Miró al suelo, sabía que ahí abajo había algo.

—Max—El líder le miró—. ¡Abajo hay algo! Lo presiento.

Max pidió al sensor un camino y salieron de la habitación. Atravesaron los pasillos y bajaron por unas escaleras. Una señal de energía fue señalizada en el mapa. Max caminó y se encontró con una puerta., destruyó el panel de reconocimiento y la puerta se abrió levemente. No hubo presencia de luz. Max forzó la puerta y consiguió abrirla.

—Aquí hay algo—comentó haciendo varias señas a su equipo y observando que Patrick miraba con miedo el interior—. Quédate aquí, Patrick. Ya entro yo.

Max encendió su linterna y encontró un habitación llena de contenedores. Tenían pantallas de cristal y barras de luces rojas. Uno le llamó la atención, en su interior había una persona. Llamó a su equipo y sacaron el contenedor de la habitación. Alzó la vista y descubrió unas escaleras que llevaban a una entreplanta. Allí sólo había un contenedor.

—Señor, hay una coincidencia—Agatha utilizó un dispositivo de reconocimiento facial—. Patrick, en tu informe indicaste que Nikola aparecía más joven.

Patrick asintió. Las imágenes de la L.A.I.C.A. regresaron a su mente. Sus fuerzas se desvanecieron y cayó sobre el contenedor. Max acudió a la puerta y le sujetó.

—Sin duda es lo que buscamos—respondió y echó otro vistazo a la entreplanta—. Ahora queda averiguar dónde está el resto de la empresa—Activó el comunicador—D.A.R.P.A., aquí Sheppard, hemos encontrado a Nikola tesla, pero todavía no hemos hallado a los integrantes de Astratech. ¿Cómo procedemos?

—Mandaremos un equipo de limpieza, su misión ha terminado. Saquen el paquete al exterior y esperen instrucciones.

# 57

## Huida

Roderick Schiff descendió hasta la última planta de la empresa y entró en el hangar acompañado de un robot Rover que llevaba un gran maletín de metal. Miró al techo y apretó los puños, tenía la esperanza de que todo se resolviera. Halley, Paul y todos sus compañeros iban llegando al punto de encuentro mientras un avión accedía por la puerta del hangar.

—Inesh, Otto—Se dirigió a sus compañeros de ciencias teóricas—. El avión debe aguantar el teletransporte intacto, no quiero sorpresas.

Abrieron la compuerta de carga y comenzaron a cargar todo el material reunido con la ayuda de Sysco.

—¿Qué hacemos con Sysco?—preguntó Alexei—¿Nos lo llevamos?

—¿Y darles la oportunidad de poder rastrearnos?—respondió Rod—No te preocupes, el señor Yamata nos construirá otro ejemplar en Japón.

Mientras Inesh Lazard programaba el ordenador de a bordo, Elizabeth coordinaba a varios robots Rover la distribución de los maletines, Aleksei y Otto preparaban el sistema de teletransporte: dieciséis barras cilíndricas de metal colocadas en los dieciséis puntos estratégicos dibujando la rosa de los vientos.

La alarma se activó proyectando varias imágenes en la pared. Se observó una furgoneta negra, aparcada en el exterior del terreno, y un equipo de cinco personas lograban traspasar la verja para estudiar el interior.

Roderick encendió su brazalete y proyecto un mapa de la empresa con varios puntos azules, seleccionó todos ellos y apareció un mensaje de confirmación. Una luz roja envolvió el hangar. Regresó al mapa y buscó el código del almacén. Accedió a la lista de registro, comprobó el estado de los contenedores más relevantes, los dos durmientes estaban en perfecto estado y procedió a eliminar los dos registros.

Alexei le puso la mano en el hombro.

—Es lo mejor—asintió el gigante ruso—. Mejor prevenir a que nos echen un problema todavía más grande—Alexei miró a su alrededor, falta alguien—¿Dónde está la señora Miw?

Rod no se había fijado en ese detalle, sus compañeros negaron con la cabeza. La bodega del avión estaba preparada y todos estaban listos para irse cuando su jefe lo indicara. Sysco caminó hasta la puerta de regreso al corazón de la empresa. Roderick Schiff, con un sencillo gesto, señaló el avión y, uno a uno, embarcaron. En las escaleras de la aeronave, echó un último vistazo al hangar y cerró los ojos.

«Su trabajo, su empresa, su hogar... Todos esos recuerdos aparecieron como imágenes a su alrededor. Su iniciación en la empresa, la memoria de las enseñanzas del general y las revelaciones[52] que había recibido los últimos años. En ese lugar habían construido el futuro y un error de la naturaleza se había convertido en un obstáculo, pero lo superarían, siempre lo hacían».

Fue el último en subir por las escaleras y el último en entrar.

Los cilindros del suelo se activaron originando una burbuja electromagnética. El piloto encendió los motores, la luz del hangar parpadeó y el techo comenzó a ceder provocado por la potencia ejercida de la burbuja. Una luz envolvió la aeronave, era la hora. Rod activó el sistema y el avión desapareció del perímetro.

---

[52] Los encabezados de las tres partes de la novela.

Ж Ж ЖЖ Ж Ж

Las luces continuaban apagadas y los intrusos se habían ido. En la entreplanta, las luces del contenedor se volvieron azules y la cúpula se abrió. La pantalla del interior se encendió, el clon comenzó a abrir sus ojos y se estiró el cuello. Tras despertar descubrió un mensaje en la pantalla.

«Tienes vía libre. Nadie te ha descubierto. Debes evitar la puerta principal y hacerte pasar por un ciudadano corriente. Yo te ayudaré. Dirígete al puerto, a las coordenadas que te daré».

Una posición GPS y el número del embarcadero aparecieron en la pantalla. Se puso derecho y movió los tobillos para activar la circulación. Abrió el armario de Ezequiel y buscó algo de ropa y calzado para no pasar frío en el exterior. Bajó las escaleras de la entreplanta y se asomó por la puerta. A lo lejos escuchó varias voces. Stuart miró hacia la cámara de seguridad y chasqueó los dedos. Un sensor se iluminó y automáticamente se transformó en otra persona, animado por la situación y lleno de adrenalina, recordó el mapa del edificio y se dirigió por un pasadizo hasta una pequeña habitación donde encontró una jaula de metal con un letrero de advertencia: «Peligro, alto voltaje» y una salida de emergencia, su pasaporte al exterior directo a su salvación.

—Esto me trae viejos recuerdos—dijo saboreando la luz del sol.

Ж Ж ЖЖ Ж Ж

Las imágenes del contenedor llegaron a la oficina de análisis de D.A.R.P.A. Tras tres años de espera, el agente Jim Mason esperaba dar por zanjada esa misión y descubrir todos los secretos que escondía la empresa del castillo. Alguien llamó a la puerta y la cara de Jack apareció en escena.

—Deberías estar descansando—sugirió Jim.

—He estado en peores condiciones—Se defendió—. Además, se supone que sigo en activo y no pienso perderme esta fiesta. ¿Se ha descubierto algo?

Jim señaló las imágenes de la pantalla. El equipo de Sheppard había descubierto una habitación llena de contenedores. La imagen de un hombre adulto de unos cuarenta años, en primer plano, le dio la respuesta.

—¿Quién es ese?—Jack estaba confuso mirando ese rostro.

—No lo sé—respondió Jim—. Pero si te fijas bien, en su cuello se ve una especie de tela. Se puede deducir que lleva un traje de algún polímero especial o algo parecido.

Una imagen se filtró y se podía observar a Max Sheppard sujetando a Patrick. Jack se acercó a la imagen y le lanzó una mirada indirecta a Jim. Su compañero captó el mensaje.

—Voy a ir y nadie me lo va a impedir—Jack se dirigió a la puerta para iniciar la última misión del día.

—Puedes usar la información del pendrive para intentar averiguar algo—Jim se giró y miró a su amigo—¡Quién sabe!—Alzó la voz—. Igual desvelas este misterio.

Jack se dirigió a la habitación del maletín, sabía perfectamente lo que tenía hacer. Introdujo la posición GPS de Industrias Astratech, se colocó en el centro del cuadrado, sonrió y activó el sistema de teletransporte.

Apareció frente a la puerta principal del castillo de San Marcos. La entrada estaba abierta y, frente a él, una jungla de colores vivos cobraba viva. Reflexionó y sonrió.

—Y yo que creía que lo había visto todo—Su ojo le mostró varios archivos. En ellos aparecía un expediente que trataba de un sistema de defensa de simulación virtual. El sello pertenecía a Astratech. Contactó con Jim por su transmisor—Acabo de recibir información del pendrive. Este sistema le vendrá bien a los chicos para los entrenamientos.

Un mapa se activó en su visor. Jack accedió al interior y se dispuso a atravesar la jungla recordando los viejos tiempos.

—Eso mismo ha dicho Max hace un rato. Ten cuidado con lo que te encuentres, se supone que hay un volcán activo ahí dentro.

Jack arqueó una ceja, no tardó mucho en oler el azufre. La vegetación del suelo desaparecía con el avance de la lava. El olor se hizo insoportable y su visor no localizaba ninguna salida.

Sin previo aviso, el mapa se actualizó y mostró puntos de entrada y salida. El tronco de un árbol ocultaba una puerta, una imagen al final del pasillo cambió la situación.

—¡Capitán!—gritó Jack—¡Max!

Cuatro personas portaban un contenedor de dos metros de largo liderados por el capitán a través del paisaje. Jack observó cómo la simulación de lava parpadeaba cuando sus compañeros caminaban por encima de ella. Le dio la mano a Max y saludó a su hijo con un guiño. Observó un cristal en la cubierta del contenedor y, efectivamente, había una persona de mediana edad. Su ojo realizó un examen preliminar y un expediente le dio la respuesta.

—¡Es él!—respondió—. Es Nikola Tesla—Max se fijó en el ojo de Jack. La pupila giraba en varios ángulos mientras enfocaba aquello que tenía de frente—. Tengo la confirmación—El expediente contenía más información—. Y la explicación es el traje que lleva puesto. Le mantiene con vida o algo así. ¿Jim?—preguntó Jack—. ¿Estas recibiendo la información?

—Sí, amigo. En alta definición—Jim activó una comunicación en grupo—. Señores y señoritas, ahí tienen la razón de este operativo. Les quiero ver de vuelta lo antes posible. ¡Buen trabajo a todos!

Jack le dio una palmada a Patrick. Su ojo detectó otra presencia detrás de ellos y no era biológica.

—¿Quién va allí?—gritó Jack—Sacar el contenedor de aquí—ordenó—¡Identifícate!

El equipo salió del edificio y Jack se quedó entre la maleza de la jungla que estaba siendo engullida por la lava de la simulación. El desconocido hizo un gesto con la mano y todo el paisaje desapareció sin dejar rastro.

Su ojo identifico al sospechoso.

«Unidad cibernética de colaboración humana perteneciente a Industrias Astratech. Su sistema esta enlazado al ordenador central. Nombre en clave: Sysco».

Jack sonrió. El androide se detuvo delante suyo. En el ojo de Jack apareció un aviso: «Intento de análisis. Está siendo escaneado».

—Jack Evans—respondió el androide—. Antiguo compañero de Stuart Manfree en el ejército. Un hijo, Patrick Stevens. Mujer fallecida, Evelyn Stevens…

Jack sacó su pistola y disparó un rayo eléctrico al cuello de Sysco. El androide se desactivó y se quedó quieto. Jack lo cogió a hombros y salió del edificio.

—Te vienes conmigo.

# 58

## Búnker

Una sombra encendió una bengala para iluminar la oscuridad de esa entrada secreta, se deslizó verticalmente por el conducto y bajó por el pequeño tramo de escaleras que había instalado para encontrar una escotilla al final del tramo. Al otro lado, un pequeño pasillo de hormigón, sin ventanas ni otro medio de fuga, le estaba esperando. Dos sensores en las paredes no fueron ningún obstáculo.

Forzó la puerta de metal que bloqueaba su camino, el cerrojo emitió un sonido y se abrió ligeramente. Colocó un dispositivo con una luz parpadeante en el otro lado de la cerradura y cerró la puerta. Se alejó varios pasos, se ajustó su mascarilla y experimentó la sacudida turbulenta del pasillo. La puerta de metal se abrió completamente y una humareda salió al exterior.. Sacó su arma y sigilosamente siguió instrucciones.

Dentro de la habitación, una persona mantenía una videoconferencia delante de una gran pantalla.

—Me avisaron de que tuviera cuidado—murmuró la mujer camuflada completamente por su traje—. No ha sido para tanto— ejecutó dos disparos a la cabeza de su objetivo—. Lo siento, Daniel, pero creía que serás un digno oponente.

La figura de Daniel parpadeó. La señora Miw observó extrañada. El rostro y el cuerpo de la persona parpadeaban y la pantalla de la videoconferencia estaba totalmente inservible. Miró fijamente a su alrededor y descubrió varios sensores que salían de la pared.

—¡Eres un holograma!

Apareció un mensaje en pantalla.

«Secuencia de autodestrucción en 00.15 segundos».

La mujer reaccionó, corrió hacia el pasillo todo lo deprisa que pudo y saltó debajo del pasadizo subterráneo para agarrarse a la escalerilla. Trató de cerrar la trampilla pero su instinto le obligó a avanzar.

El fuego comenzó a inundar la entrada secreta desintegrando todo a su alrededor.

Ж Ж ЖЖ Ж Ж

Daniel, aprovechando la confusión ocasionada por la redada en Industrias Astratech, consiguió hackear la señal del avión y, junto a ellos, logró infiltrarse en su lugar destino: Japón.

«Lo logré —pensó—. Por fin averiguo de dónde salen todos sus recursos».

Había aparecido en la periferia de una isla custodiada por el océano, el romper de las olas arrojaba masas de agua sobre el terreno. Gracias a la burbuja de invisibilidad que le ofrecía su pulsera, caminó de manera segura por el terreno. Un flash de luz le obligó a agarrarse a una roca para no caerse. Un avión se materializó cerca de la isla y surcó el cielo para aterrizar en la azotea de un edificio.

«Ahí debe estar su contacto».

Su reloj proyectó una señal de alarma. Daniel entendió la situación, habían localizado uno de sus escondites. Activó la imagen y observó a una persona disparando. Daniel sonrió, agradecía el nivel de la tecnología para esas situaciones.

—Activar protocolo de emergencia —Una cuenta atrás se proyectó y Daniel quitó la imagen—. Un escondite menos, lo siento por el intruso.

Un ruido cercano proveniente del agua le alertó. Miró hacia arriba y comprobó que el avión continuaba estacionado en la azotea de aquel edificio, el ruido provenía de la zona costera de la isla, cerca de donde él estaba. Caminó entre las rocas y, al asomarse por un saliente, descubrió una lancha motora que salía de un embarcadero

«Ésta es la mía».

Su reloj localizó una señal WIFI cerca de su posición y Daniel aprovechó la oportunidad. La señal se hizo más fuerte a medida que se acercaba al embarcadero. Insertó una imagen repetida en bucle en el sistema de seguridad de la zona.

Una puerta empotrada en la roca le dio la oportunidad de infiltrarse y descubrir algo de información. La seguridad se había limitado al soldado que había cogido la lancha motora. Sincronizó su reloj con un satélite para proyectar un mapa de la zona y averiguar posibles sorpresas inesperadas pero no hubo signos vitales a la vista, de modo que se dirigió a la sala de control más cercana para esconderse.

Aprovechó la oportunidad para navegar por su red de información y transferir la información de la base de datos a otro de sus escondites privados. Tenía la prueba del fabricante y de las exportaciones de materiales, sólo le faltaba una última cuestión: comprobar cómo iba la operación de rescate de los contenedores. Con ayuda del satélite buscó imágenes en tiempo real de Industrias Astratech. En la imagen un equipo de personas introducía un artefacto dentro de una furgoneta.

«Misión cumplida. Todo está en su sitio como debe ser».

Su pulsera se encargó de borrar cualquier rastro en la red que le descubriera y desapareció de allí como mejor sabía.

# 59

## Trámites

La furgoneta negra regresaba a las instalaciones de D.A.R.P.A. donde un equipo de extracción les esperaba para analizar los descubrimientos. Jim Mason acudió en persona al laboratorio del agente Sam Beckson para supervisar la intervención. El androide fue una sorpresa.

—¿Inteligencia artificial?—preguntó Jim con la adrenalina por las nubes— Por favor, dime que tenemos acceso a todos sus archivos.

—Acceso total, compañero…—respondió Sam dibujando una gran sonrisa—. A todos los datos que se han salvado: investigaciones, materiales, expedientes… Parece que apenas tuvieron tiempo de eliminar nada.

Jim se apoyó en el contenedor de Nikola Tesla.

Su largo camino había terminado. No estaba tan joven como en los viejos tiempos, pero eso ahora le daba igual. Retiró la lona que cubría la cúpula del contenedor y contempló el extraordinario premio. Ahora sólo quedaba hacerlo oficial.

—Se me ha ocurrido—continuó contando Sam—, que ahora que nadie dirige Astratech, la agencia podría hacerlo. ¡Piénsalo!—Le miró eufórico—. Incluso podría jubilarme allí.

Jim sopesó la idea y reflexionó.

—¿Has podido analizarle?—preguntó mirándole a los ojos.

—Sí, compañero—respondió con una grata sonrisa—. Y te alegrará saber un par de cosas—Jim prestó atención—. ¿Recuerdas esa conferencia, en 2013, donde un científico comunicó haber logrado una solución a la longevidad humana?—Jim negó con la cabeza—. ¿A que si te doy el nombre de Ezequiel Jamil, la cosa cambia?—Jim afirmó—.

He descubierto algo en la sangre de Nikola. ¡La solución funciona! Y además incluye nanobots que analizan su biología en tiempo real—Jim abrió los ojos como platos—. De alguna manera, se han adelantado varias décadas a los actuales avances en biotecnología y, el resultado es un rejuvenecimiento de las células. Por eso sólo Jack lo ha reconocido con la información del pendrive.

—Hay que informar a la jefa—Jim activó el teléfono.

La directora Sarah Gates estaba ocupada comunicando la operación a las altas esferas. Su equipo táctico le estaba esperando y la única persona que podía realizar todo el papeleo no estaba allí en ese momento.

Jack y el resto del equipo esperaban en la oficina de análisis.

—Entonces—comentó Patrick—, ¿misión cumplida? Tenemos el paquete y la empresa estaba vacía—Reformuló la frase en su mente—. Técnicamente vacía.

Nadie respondió.

Max Sheppard agradeció que Jack identificara el cuerpo en un momento de gran estupefacción. Su compañero estaba quieto mirando al vacío.

—Jack, ¿en qué piensas?

El veterano del equipo parpadeó varias veces y se reclinó en su silla. Su hijo tenía razón, la parte más complicada se había resuelto: Astratech había caído. Habían ganado, y él era libre para hacer lo que quisiera.

Ж Ж ЖЖ Ж Ж

La poca luz del despacho de Sara Gates permitía que las imágenes proyectadas, desde el dispositivo de su mesa, de los representantes de la O.N.U., se observaran nítidamente. Desde su portátil, retransmitía por streaming los videos obtenidos de Astratech

—Como pueden observar, fue toda una sorpresa el tipo de defensas que nos encontramos allí dentro. Por cosas del destino o de la suerte, elijan la que más rabia les dé, nuestro equipo táctico encontró una habitación llena de contenedores de mantenimiento—Todas las mirada estaban inmóviles analizando las escenas—. Y en una de ellas encontramos a una persona—Varias miradas la observaron directamente—. Si recordamos las imágenes que nos proporcionó Roderick Schiff, tras varios análisis realizados, hemos descubierto que todo era cierto. Nikola Tesla está vivo en este mundo.

Miradas de expectación y comentarios ininteligibles entre los invitados llenaron la habitación. El representante de Estados Unidos tomó la palabra.

—¿Quiere añadir algo más al informe, directora Gates?—cruzó las manos desde su lado de la reunión—. Escucharemos cualquier propuesta que tenga pensada.

Sólo había una cuestión que aclarar.

—Propongo una rehabilitación completa para el señor Nikola Tesla sobre el mundo actual y su inmediata incorporación como director del proyecto L.A.I.C.A. Creo que es la mejor decisión, teniendo en cuenta quién es y lo que sus patentes han hecho por este país durante los últimos cien años—Sarah recibió un mensaje de Jim—. Y otra cosa más—Todos la prestaron atención—. Teniendo en cuenta los últimos sucesos, la agencia absorberá la gestión y las investigaciones de Industrias Astratech y todos ustedes recibirán un informe completo de todo su contenido.

—Permítanos unos momentos para discutirlo.

Las imágenes de los rostros desaparecieron y en su lugar, se sustituyó por su respectiva bandera. Sarah sabía que había hecho una apuesta arriesgada pero era el único as que le quedaba.

La bandera de los Estados unidos se sustituyó por el rostro de su representante. No hubo más cambios.

—Por unanimidad, hemos aceptado que D.A.R.P.A. absorba la empresa de tecnología Industrias Astratech y que Nikola Tesla se convierta en el futuro director del laboratorio llamado L.A.I.C.A., a cambio de su total cooperación a la hora de informar al comité de todos los progresos y avances que se desarrollen, tanto logísticos como tecnológicos—El representante miró a Sarah fijamente— ¿Cuál es su respuesta?

—La agencia acepta el trato—respondió Sarah triunfante aguantando la adrenalina que en ese momento recorría todo su cuerpo—. Que tenga un buen día, señor.

—Tengan mucho cuidado—respondió le hombre—. No va a ser un camino fácil. Cuídese.

La imagen despareció. Sarah desconectó el dispositivo de la mesa y se relajó en su sillón. Cogió su teléfono móvil y envió un mensaje a su director científico.

«Sam, quiero una copia completa de Astratech. Hemos ganado».

Ж Ж ЖЖ Ж Ж

Sonaron tres golpes en la puerta de la oficina de análisis y la cara familiar de Jim Mason les saludó.

—¿Quién se une a celebrarlo?

Todos se levantaron de sus asientos.

—¿El éxito de la misión?—preguntó Patrick animado.

Jim miró a cada uno. Estaba claro que nadie los había informado.

—El consejo de la O.N.U. ha aceptado la fusión de Industrias Astratech en la agencia y tenemos plenos poderes sobre su contenido. Repito, ¿Quién se apunta?—Todos se miraron—. ¡Paga la agencia!

La sala se vacío ipso facto.

Sam les estaba esperando en la entrada principal de la agencia con las llaves del coche en la mano. Max, Agatha y Patrick se adelantaron y salieron por la puerta. Jack se acercó a Jim.

—Sólo falta que añadas que la directora también se apunta a la fiesta.

Jim señaló el final del pasillo. Sarah Gates estaba preparada para tomarse unos días libres. Se dirigió a Sam y le cogió las llaves

—Conduzco yo, si no tienen miedo de una servidora—Jack la hizo una reverencia y Sarah la aceptó—La semana que viene tendremos al inventor del siglo XX delante de nuestras narices…—envió un silbido al resto del equipo— Y hoy pienso celebrarlo.

# 60

**Maquiavelo**
**Mar Céltico, Irlanda, mediodía.**

El altavoz daba el primer aviso a la tripulación. El sonido de metal rebotaba en las paredes. Los marineros se movían por los pasillos para acudir a sus puestos de trabajo. Tras una semana escondido en un contenedor, un polizón dio señales de vida. Acercó su mano a un maletín que estaba sellado a la pared y en su interior observó una cuenta atrás: «00:00:15».

—Maldito cabrón, espero que cumplas lo prometido o la lio aquí dentro—respondió el clon de Stuart.

Quedarse sólo en los dominios de Astratech, sin ningún tipo de vigilancia, fue lo mejor que le pudo haber ocurrido. Libertad total. Su desconocido benefactor le había ayudado a escapar del país y se encontraba a bordo de un carguero transatlántico con una habitación improvisada, un kit de supervivencia a lo *Boy Scout*, unos prismáticos y varias latas de comida como único recurso.

El tiempo llegó a cero y aparecieron dos instrucciones:

«Primera misión: Sal de la madriguera, consigue un bote y navega a estas coordenadas. Tu nueva vida comenzará allí».

Abrió la puerta de su prisión y respiró aire fresco. La luz del sol le cegó los ojos pero sus pupilas se adaptaron en seguida. Dejó todo allí y descendió hasta la superficie del barco. Como indicaba el mensaje, el carguero transportaba una colección de embarcaciones privadas de diferentes tamaños. Vigiló que nadie se acercara por la zona y buscó una forma de llevarse una de esas preciosidades consigo. Su cara se alegró cuando encontró un sistema de botadura en el suelo. Localizó el único barco que estaba preparado y procedió a retirar el anclaje. Tarde o temprano conseguiría llevarlo al mar.

Varias horas después, Stuart navegaba a bordo de un pequeño velero en dirección a las costas de Gran Bretaña. La posición GPS le llevó hasta una pequeña cala escondida en Irlanda. Contempló el paisaje y advirtió el reflejo de una persona en lo alto de la cala. El extraño señaló un camino dibujado en las rocas y, acto seguido, desapareció del lugar.

«Segunda misión: seguir las miguitas de pan».

Sus piernas le suplicaban algo de ejercicio. Ascendió como pudo hasta la cima y continuó por el único camino que había a la vista. A lo lejos, una puerta de madera daba la bienvenida al pequeño jardín de una casa. La puerta estaba abierta y en el buzón había una etiqueta inscrito: «L. Robertson». Un varón de mediana edad salió a recibirle.

—¿El señor Robertson?—preguntó Stuart.

—Está dentro esperándole, señor—señaló el hombre—. Permítame que le guíe.

Stuart analizó al individuo y aceptó la invitación. El hombre le llevó hasta una biblioteca privada divida en dos pisos conectados por una escalera de caracol. La imagen de una bola del mundo proyectada desde una pequeña mesa le llamó la atención. Caminó hasta la holografía cuando, desde el segundo piso, un hombre se dispuso a bajar las escaleras.

—El señor Stuart Manfree, si no me equivoco.

—Algo así—respondió el clon con tono detectivesco—. Y usted es el señor Robertson.

—Mi nombre es Sir Lazarus Robertson, pero puedes llamarme

Lazarus—Stuart le estudió. Sexagenario, barba de varios meses, nariz respingona y una pipa de madera en la mano—. Pase dentro, por favor. El tiempo es oro.

Lazarus caminó por la casa hasta un pequeño jardín con una mesa y un juego de sillas. Le indicó que se sentara y Stuart procedió con cautela. La vista de la cala era espectacular y desde ese punto pudo localizar el velero. El mayordomo apareció con una bandeja preparada y un juego de vasos.

—¿Es la hora del té?

—Verá, no me andaré con rodeos—Sacó un mechero y encendió la pipa—. En mi organización somos cuatro…—contempló su vaso de té— Y todos hablan demasiado.

Stuart imaginaba el resto de la historia.

—Y usted es solo el socio capitalista—Stuart le miró fijamente—. Sólo participa y escucha.

—Exacto—Le miró a los ojos y le sonrió—. Y esto sólo acaba de empezar, mi nuevo amigo. Usted va a ser una pieza clave de aquí en adelante. Ahora relajase, habrá tiempo para hablar.

**Patrick Stevens**
Profesión>Asesor de investigación.
Edad>30

**Jack Evans**
Profesión>Marine, independiente.
Edad>55

**Maximillian 'Max' Sheppard**
Profesión>Agente especial de D.A.R.P.A.
Edad>36

**Agatha Sinner**
Profesión>Agente especial de D.A.R.P.A.
Edad>27

**Thomas Blake**
Profesión>Físico teórico, D.A.R.P.A.
Edad>55

**James Mason**
Profesión>Jefe de operaciones de D.A.R.P.A.
Edad>55

**Sam Beckson**
Profesión>Director científico D.A.R.P.A.
Edad>56

**Dick Thompson**
Profesión>Asesor militar D.A.R.P.A.
Edad>62

**Sarah Gates**
Profesión>Directora de D.A.R.P.A.
Edad>52

**Ellen Sneider**
Profesión>Secretaria del congreso de estado.
Edad>47

**D.**
**A.**
**R.**
**P.**
**A.**

# ASTRATECH

**General Bart Sheppard**
Especialidad: Estrategia
Estado>Fallecido
Expediente> Clasificado

**Stuart Manfree**
Especialidad: Visionario
Estado>Clasificado
Expediente> Clasificado

**Roderick Schiff**
Especialidad: Telecomunicaciones
Edad>39
Residencia>Sudáfrica

**Alexei Baskov**
Especialidad: Ingeniería
Edad>40
Residencia>Rusia

**Melinda Kuhn**
Especialidad: Armas y Química
Edad>35
Residencia>Europa Central

**Ezequiel Jamil**
Especialidad: Neurocientífico
Edad>43
Residencia>Irak

**Elizabeth Rouseff**
Especialidad: Materiales
Edad>35
Residencia>México

**Otto Warburg**
Especialidad: Matématico
Edad>41
Residencia>Inglaterra

**Inesh Lazard**
Especialidad: Electromagnetismo
Edad>45
Residencia>India

**Arnold Morgan**
Especialidad: Bioquímico
Edad>49
Residencia>EE.UU.

**Paul Sheppard**
Especialidad: Pintura
Edad: ??
Residencia>EE.UU.

**Sra. Miw**
Especialidad: Energía
Edad>73
Residencia>Tibet

# EL CÍRCULO

**Daniel**
Profesión>Hacker, Técnico informático.
Edad>33

**Harry S. Truman**
Profesión>33º Presidente de EE.UU.
Edad>60

**James Forrestal**
Profesión>1º Secretario de defensa de EE.UU.
Edad>51

**Morris Jessup senior**
Profesión>Agente especial
Edad>45

**Vincent Forrestal**
Profesión>Administrador de "El círculo".
Edad>25

**Morris Jessup junior**
Profesión>Miembro jefe del Círculo.
Edad>30

**Sr. Gibson**
Profesión>Miembro del Círculo.
Edad>??

**Sra. Figueroa**
Profesión> Miembro del Círculo.
Edad>??

**Sr. Robertson**
Profesión> Miembro del Círculo.
Edad>??

# RECURRENTES

**Agente Jones**
Expediente>Sin descendencia.
Edad>??

**Agente Gates**
Profesión>Abuelo de Sarah Gates.
Edad>30

**Thomas S. Gates jr.**
Profesión>Secretario de defensa [1960]
Edad>54

**George Brock**
Profesión>Redactor Jefe N.Y.T.
Edad>53

**Will**
Profesión>Ayudante de Thomas Blake
Edad>27

**Kate**
Profesión>Ayudante de Thomas Blake
Edad>26

**John Campbell**
Profesión>Físico experimental, M.I.T
Edad>30

**Alexandra Blake**
Profesión>Relaciones públicas
Edad>28

**Yuri**
Profesión>Embajador de Rusia
Edad>

**Xiaomi**
Profesión>Embajadora de China
Edad>

**Sysco**
Expediente>Androide de L.A.I.C.A.
Edad> 1 mes

**Halley Manfree**
Expediente>Hija del clon de Stuart Manfree
Edad> 16 años

**Jayden Yamata**
Expediente>Presidente de Yamata Corp.

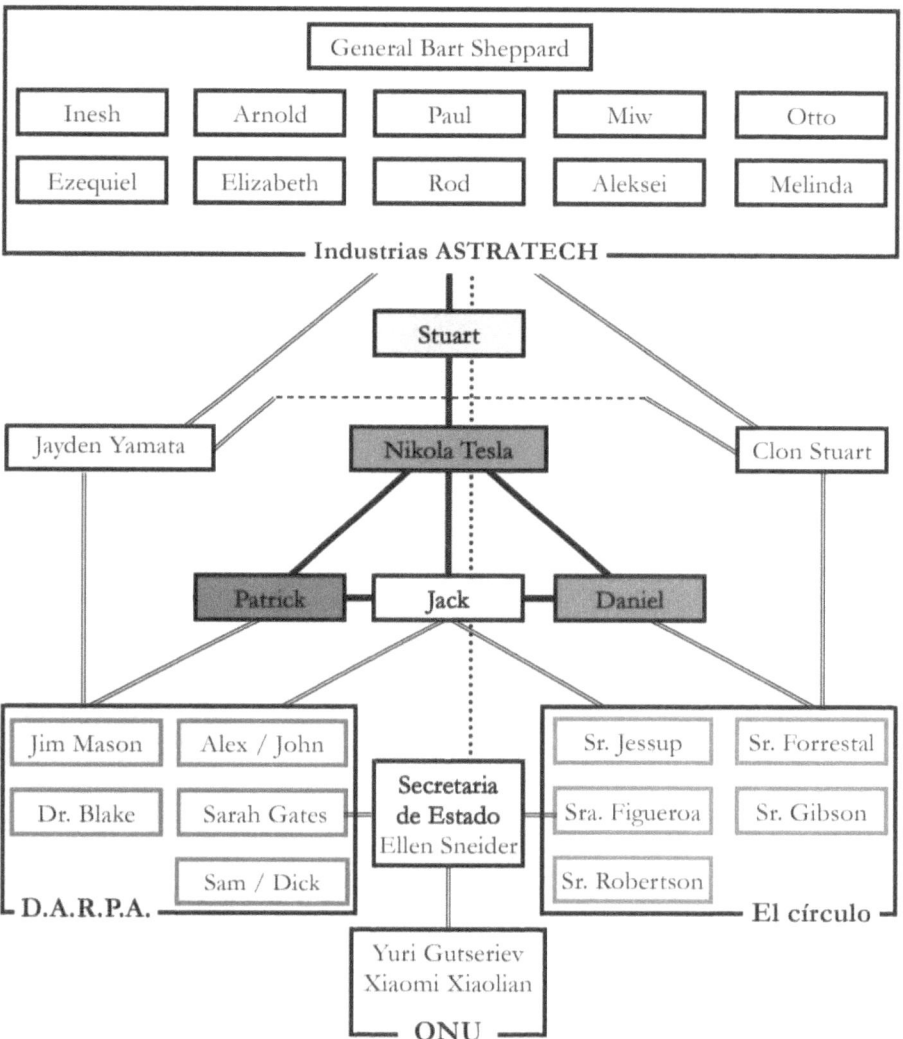

# La llave de la eternidad

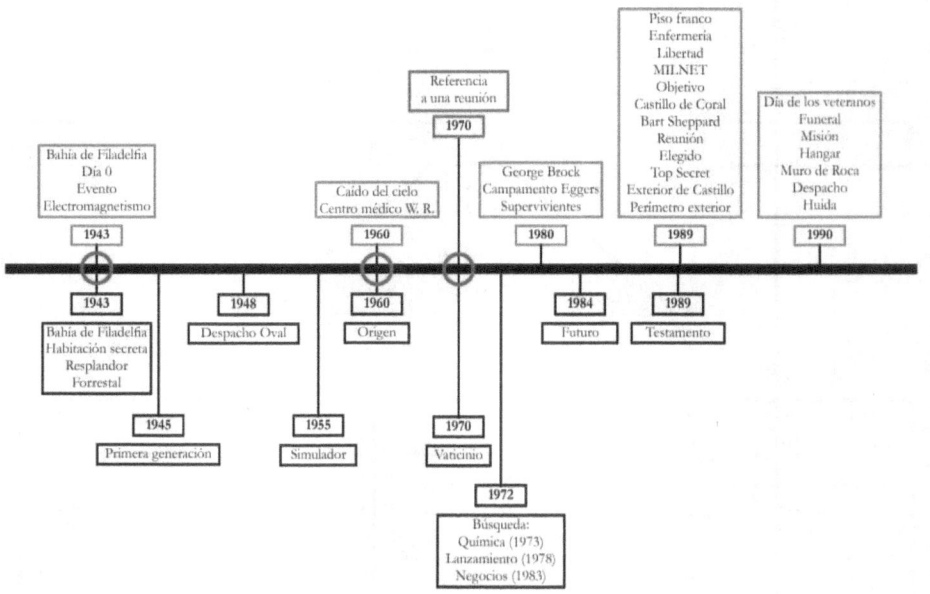

# Mensaje eléctrico

# La llave de la eternidad

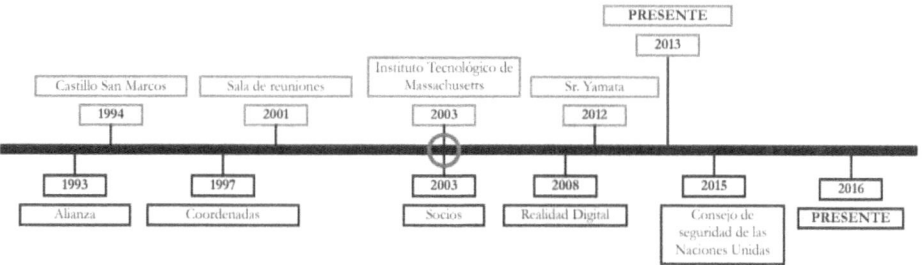

# Mensaje eléctrico

www.ingramcontent.com/pod-product-compliance
Lightning Source LLC
Chambersburg PA
CBHW031607210526
45464CB00004B/1457